可视化
H5 页面设计与制作

Mugeda 标准教程

彭澎 彭嘉琦 ————· 著

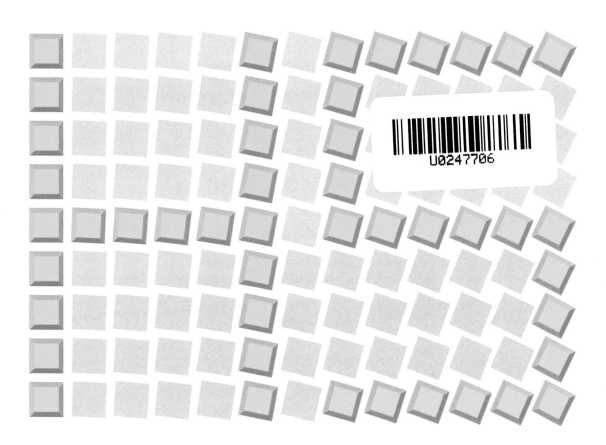

U0247706

人民邮电出版社

北 京

图书在版编目（CIP）数据

可视化H5页面设计与制作. Mugeda标准教程 / 彭澎,
彭嘉埼著. -- 北京：人民邮电出版社，2020.4
ISBN 978-7-115-53231-2

Ⅰ. ①可… Ⅱ. ①彭… ②彭… Ⅲ. ①网页制作工具
Ⅳ. ①TP393.092.2

中国版本图书馆CIP数据核字(2020)第040285号

内 容 提 要

本书以 Mugeda 为平台，系统地介绍了可视化 H5 交互动画页面的设计思路、设计方法与技术实现。

本书共 8 章，主要内容包括移动通信和信息传播的基础知识及其与 H5 的关系，Mugeda 的操作界面及基本操作，属性设置与基本的 H5 页面设计与制作，行为、触发事件与交互的设置和制作，帧动画和特型动画的设计与应用，虚拟现实、微信、图表、表单、预置考题、陀螺仪等实用工具的应用，以及交互逻辑案例解析。

本书为 Mugeda 官方标准教程，内容全面、案例丰富，具有很强的可读性和实用性，可作为高校相关专业和各类 H5 培训班的教材，也可作为新媒体从业人员自学 H5 页面设计与制作的参考书。

- ◆ 著　　　　　彭　澎　彭嘉埼

　　责任编辑　李　莎
　　责任印制　马振武
- ◆ 人民邮电出版社出版发行　　北京市丰台区成寿寺路 11 号
　　邮编　100164　　电子邮件　315@ptpress.com.cn
　　网址　http://www.ptpress.com.cn
　　艺堂印刷（天津）有限公司印刷
- ◆ 开本：800×1000　1/16
　　印张：13
　　字数：262 千字　　　　　　　　2020 年 4 月第 1 版
　　印数：1 – 5 000 册　　　　　　2020 年 4 月天津第 1 次印刷

定价：59.80 元

读者服务热线：(010)81055410　印装质量热线：(010)81055316
反盗版热线：(010)81055315
广告经营许可证：京东工商广登字 20170147 号

前　言

可视化H5页面的设计与制作技术是建立在HTML5标准基础上的一种具有巨大发展潜力的技术。随着移动通信标准5G的应用，可视化H5页面设计与制作技术的应用和发展空间将更为广阔。

自2019年1月《可视化H5页面设计与制作》教材出版以来，广大读者给予了大力支持，也提出了很多中肯的建议。作为教材的编写者，我首先对广大读者，特别是提出宝贵建议的读者表示由衷的感谢。

Mugeda平台于今年10月推出了新版本。新推出的平台，功能更加完善，操作性和实用性也更强。为了能更好地满足读者学习的需要，结合读者的建议，在北京乐享云创科技有限公司（Mugeda平台的所有方）的鼎力支持下，重新编写了本教材。本教材在结构上进行了全面的调整，强化了系统性、条理性和可教学性、可学习性。本教材内容完整，实例丰富，特别是对一些重点内容和难以理解的内容，都配有教学用视频案例。除此之外，教材配套资源中还提供了大量的教学素材，这将更加便于教师教学和学生学习。教材中，强化了要点提示内容，使读者在学习中能够精准地掌握相关操作。本教材延续了前一版本的写作思路，遵循理论结合实际，以及将复杂问题简单化的编写原则。

为了帮助读者快速掌握Mugeda的操作方法，深刻领会功能实现与视觉表现的关系，本书立足于实际应用，以任务实例串讲知识点的方式，详细解析H5页面的设计思路、设计方法与技术实现。

适用读者

本书没有特定的读者群，只要有基本的计算机操作能力的人员，都可以通过本书的学习而掌握书中内容。

教学使用

本书非常适合教学和学生自学使用。对于各层次的不同专业的教学来说，由于专业不同，培养目标不同，对H5页面设计与应用的需求不同，教师在教学和学时安排上可以根据专业特色和学生水平，在实践环节予以合理的安排。也可以将本课程内容作为技术支撑进行相关课程教学，例如"用户体验设计""移动界面设计与应用"等课程。

学时分配

本书共8章内容，环环相扣，重要知识点结合操作任务来讲解，且都配有课堂实训或练习。总体上，第2章至第6章是全书的重点部分，建议占总学时的三分之二，并以实训为主。

配套资源使用说明及下载方式

本书的配套资源包括教学PPT和素材，对于重难点内容则提供相应的案例视频，手机扫码即可观看。扫描下方二维码，关注微信公众号"职场研究社"，并回复"53231"，即可获得整套资源的下载方式。

职场研究社

致谢

本书从规划、编写，到出版，都得到了北京乐享云创科技有限公司及人民邮电出版社的大力支持，北京乐享云创科技有限公司领导还特意安排工程技术人员对本书的内容进行全面的技术审校。在此表示衷心的感谢。特别致谢：北京乐享云创科技有限公司的王志先生、王强军先生、徐谭谭女士；人民邮电出版社的李莎老师和罗芬老师。

由于编者水平有限，书中不足之处在所难免，敬请广大读者批评指正。我们的联系邮箱为luofen@ptpress.com.cn。

作者
2020年2月

目 录

第 1 章

移动通信、信息传播与 H5

移动互联信息技术的快速崛起，对人们的生活方式及消费方式产生了巨大的影响。随着5G的部署，信息传播与信息应用将进入一个全新的时代。为了使读者了解为什么要学习H5应用开发技术，本章将从移动通信技术、信息内容及其传播、移动用户终端与智能手机等3个方面进行简要的介绍，以帮助读者更好地理解H5的概念、特点及其应用发展。本章主要内容如图1.1所示。

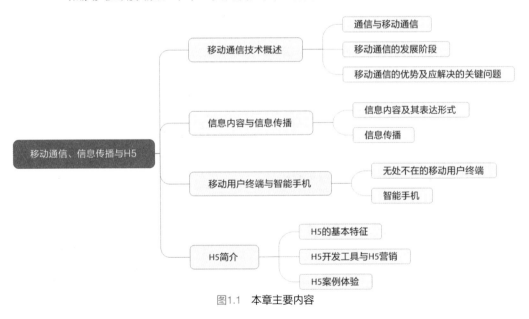

图1.1　本章主要内容

1.1 移动通信技术概述

H5是以移动通信为基础的应用技术，因此学习和掌握H5相关技术，首先应该认识和了解移动通信技术的特点及其发展过程。

1.1.1 通信与移动通信

人类最初的交互活动应该与我们现在所看到和观察到的自然界中的其他各类动物一样，主要通过动作和叫声进行信息交流。但人类的进化与其他动物进化的最大区别在于人类不仅进化了自己的大脑，还通过劳动进化出了语言，又进一步创作出了文字，直至如今出现的各种智能技术，使得人类的信息交流不论在内容上还是形式上都越来越丰富，越来越精确，越来越迅速。移动通信就是人类通信技术发展到一定阶段的产物。

1. 通信的产生与发展

通信(Communication)是用于表达人与人之间通过某种媒体进行的信息交流与传递的专用名词。通信是指把信息从一个地方传送到另一个地方的过程，其目的是传输消息。用来实现通信过程的系统被称为通信系统。

在中国古代，人们就利用烽火台、金鼓、锦旗、消息树等来实现远距离的信息传递。进入19世纪后，人们开始利用电信号来实现远距离通信，使信息传递更快更畅达。

2. 移动通信

电磁波的发现和相关理论的建立，打开了无线通信的大门。从字面上讲，移动是物体之间物理位置关系发生改变，所以移动通信可以理解为在通信过程中，信息的发送方和接收方的位置关系可以随时改变的通信。从用户的角度理解，可以将移动通信理解为通信的双方或多方可以在运动状态下进行通信，例如微信群聊。

1.1.2 移动通信的发展阶段

现代移动通信技术是以电子技术为基础发展起来的，其发展大致经历了五个阶段。

1. 从第一代到第四代移动通信技术

第一代移动通信（1G）技术是以模拟技术为基础的蜂窝无线电话系统，这个阶段的移动通信受网络容量的限制，系统只能传输语音信号，只能实现区域性通信，不能进行移动通信的长途漫游，因而这是一种区域性的移动通信系统。

当移动通信技术发展到第四代（以下简称4G）时，移动通信系统已经成为集广域网、互联网于一体的通信系统了。4G系统能够为用户提供与固网宽带一样的网速，下载速度和上传速度分别可以达到100Mbit/s和20Mbit/s，能够传输高质量的视频图像。

2. 第五代移动通信技术

第五代移动通信（以下简称5G）技术将用户体验放在第一位，不仅能为人们提供极大的生活便利，还将深刻改变人们的生活行为习惯，促进社会各行各业服务方式的转型。与第四代移动通信技术相比，5G技术在网络平均吞吐率、传输速度、3D、互动式游戏等方面的应用实现了极大的提升。

采用5G技术的移动通信系统能够提供更强的业务支撑，并强化了"软"配置的研究和开发，运营商可以依据业务流量的变化而随时对网络资源进行调整。

1.1.3　移动通信的优势及应解决的关键问题

就信息传播而言，移动通信具有巨大的优势，特点明显，其在给人们的工作和生活带来极大便利的同时，必须解决好客观存在的一些问题。

1. 移动通信的优势

（1）便捷性

用户利用移动设备（如智能手机、笔记本电脑）可随时接入通信网络，享受通信网络所提供的服务。所以从应用者的角度看，便捷性是移动通信最突出的优点和特征，这使得通过移动设备实现信息获取、办公、人与人之间的沟通远比PC设备方便。

（2）移动通信服务的广泛性与丰富性

对移动通信用户来说，信息服务是通过移动终端设备获得的。随着移动终端设备的智能化，移动通信为用户提供的服务越来越丰富。如今，用户通过移动终端设备不仅可以随时随地与他人通话、发短信、视频聊天、玩游戏等，还可以实现包括定位、信息处理、指纹扫描、条码扫描、IC卡扫描、面部识别及酒精含量检测等功能。

移动通信服务的发展给人们的生活带来了很多便利，如在春运期间人们可直接在手机App上订票，不必再去火车站彻夜排队，而且在不少车站人们刷一下智能车票或身份证就能进站；人们点一点手机就可以叫出租车、购物、转账、导航……可见，移动通信技术极大地改变了人们的生活方式。

2. 移动通信中应解决的关键问题

（1）资源的有限性

为了达到使用便捷的效果，移动终端设备通常具有体积小、重量轻、耗能低的特点，并且要求能够在各种环境下稳定工作。正因如此，移动设备受无线信道、通信等资源的制约，在路径选择、安全支持、服务质量等方面受到限制和影响。此外，由于移动终端设备（如智能手机、手提电脑）基本上都是使用自带的电池来供应能量，而每个移动设备中的电池能量是有限的，因此移动终端设备连续使用时间有限。上述这些问题是移动通信技术及其应用中所面临的资源有限问题。

（2）跨平台应用开发

面对不同的移动终端设备、不同的应用平台，需要考虑移动通信应用的兼容性问题。即使是同一个应用，各个"端"独立开发，不仅开发周期长，而且人员成本高，技术人员也往往会处于重复、低能的工作状态。因而为了提高跨平台的互操作性，提高应用开发和用户使用效率，必须要解决好跨平台应用开发这一重要问题。

目前，跨平台的技术方案受到越来越多的技术人员和企业的关注。说到跨平台技术，现在不能不提H5。H5在跨平台应用开发方面具有强大的优势，不管是在Mac、Windows、Linux、iOS、Android还是其他平台，只要有浏览器，H5应用几乎可以访问任何平台。此外，H5的开发成本低，调试方便，迭代速度快，无需审核，即时响应，能在用户毫无感知的情况下进行更新。

（3）其他问题

除上述问题外，移动通信还存在异构网络互连问题、系统的结构问题、信号传播的条件和环境问题、通信安全问题等诸多问题，这些也是移动通信需要解决的基础性问题。

1.2　信息内容与信息传播

信息是消息中有意义的内容，是为了满足用户决策的需要而经过加工处理的数据。信息传播是对信息内容的传播，学习H5应用开发技术的主要目的就是实现更有效、更丰富、更便捷的信息传播，所以在学习H5应用技术之前还是应该先了解与信息内容紧密相关的信息表达形式及信息传播等相关概念，以及它们之间的关系等。

1.2.1　信息内容及其表达形式

1. 信息内容

内容是与形式相对应的概念，但又与形式密切相关——内容决定形式，形式依赖内容。与此同时，形式还可以反作用于内容，影响内容。

从内容的角度可以把信息理解为就是内容的表达形式。内容可利用信息传播技术传播出去。例如，一则故事，可以采用文字、图形图像、动画、声音等多种形式表述，对不同的人群，利用何种形式表述是提升信息传播效果的关键。

2. 信息的表现形式

信息的表现形式是随着人类文明和科技水平的发展而不断发展的。例如，石器时代，人类将要传达或记录的内容用图形的形式画在岩壁上，图1.2所示的中国云南沧源岩画就是石器时代人类记录下的狩猎场景信息。后来，文字的出现进一步丰富了人类对内容的表现形式，例如图1.3所示的已有约1000年历史的纳西族东巴象形文字。

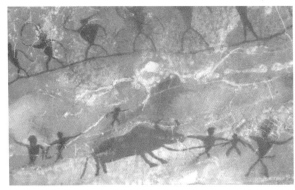

图1.2　中国云南沧源岩画　　　　　　　　　　图1.3　纳西族东巴象形文字

再后来，信息的表现形式发展到可用电信号来表示，如图1.4和图1.5所示。

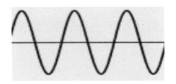

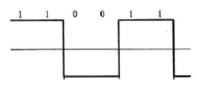

图1.4　模拟电信号示意图　　　　　　　　　　图1.5　数字电信号示意图

1.2.2　信息传播

信息传播是由通信过程实现的，涉及通信系统的组成、通信方式等多方面的内容，本小节仅对传输途径、传输媒体等内容进行简单的介绍。

1. 信息传输媒体

在日常生活中，人们所说的媒体一般是指承载、传播信息的物质实体，但在信息技术和通信技术领域中，媒体不仅包括储存、呈现、处理、传递信息的物理载体，还包括多媒体计算机中所说的非物质实体，即信息内容表现形式，如文字、声音、图形图像、动画等。信息技术和通信技术领域中的这些所谓的媒体更确切的称呼应该是传输媒体。

随着计算机技术、网络技术和通信技术的发展，在信息技术领域中相继出现了"新媒体""融媒体"这样的词。"新媒体"一词已经出现很多年，并广为人知，但什么是"融媒体"却众说纷纭。根据几大搜索引擎中对"融媒体"的描述，简单地说，融媒体不是指某种独立的实体媒体，它是把传统媒体与新媒体的优势发挥到极致，使单一媒体的竞争力变为多媒体共同的竞争力，从而为"我"所用，为"我"服务。融媒体是充分利用媒介载体，把广播、电视、报纸等既有共同点，又存在互补性的不同媒体，在人力、内容、宣传等方面进行全面整合，实现资源通融、内容兼容、宣传互融、利益共融的新型媒体。融媒体还可以被理解为是跳出图文或视频的传统框架综合考虑文、图、音、视、全景、图表、动画等各种媒体形式，根据叙事需求，合理组织不同媒体形态来展示信息的共同体。其中，H5是实现融媒体信息传播的重要技术。

2. 信息传输途径

途径是指一件事物能使另一件事物发生改变的方法。信息传播途径是指将信息从一个地方传到另一个地方的方法。

信息传播途径从传统的报纸、邮件、电视等传播方式，已经发展到利用移动互联网通过微信、微博、博客、短视频、直播等方式进行信息传播。随着人工智能技术、5G技术，以及H5应用为代表的传播技术的发展、成熟和完善，信息传播的内容和形式将会越来越丰富，信息传播的质量和效率会越来越高，信息传播对人们的消费和生活习惯所产生的影响也会越来越大。

1.3　移动用户终端与智能手机

通信的目的是把信息从一个地方传到另一个地方，对完成通信任务的通信系统来说，它都必须具备三个基本要素：信源、传输媒体和信宿。在移动通信系统中，移动用户终端设备是直接面向用户的应用设备，因而它既是信源设备又是信宿设备，其性能的高低对用户的使用体验和移动通信信息服务的推广有非常重要的影响。

1.3.1　无处不在的移动用户终端

1. 移动用户终端与生活

随着网络及通信技术的发展，移动信息服务已成为人们工作与生活中不可或缺少的组成部分。如今，无处不在的移动用户终端不仅为人们提供基本的通话、拍照、听音乐、玩游戏等服务，还为人们提供定位导航、信息处理、指纹扫描、身份证识别、声音识别、条码及二维码识别、IC卡识别，以及企业宣传、产品推销、活动介绍、教育服务、应急处理等各种服务。移动信息服务成为文化传播、教育培训、娱乐、移动执法、移动办公和移动商务的重要工具。

2. 移动用户终端的基本功能和品类

在移动信息服务中扮演着重要角色的移动用户终端自诞生以来，就在不断地改造与发展。在功能上，移动用户终端设备已经拥有强大的处理能力，可以完成复杂的数据信息处理任务，可以通过无线局域网、蓝牙和红外线进行通信。在设备类别方面，移动用户终端包括手机、笔记本电脑、POS机、车载电脑等，它们的功能越来越强，越来越智能化，而体积则越来越小，使用也越来越便捷、越来越灵活。

1.3.2　智能手机

自全球首款智能手机投放市场以来，短短20年间，智能手机的软硬件技术、用户体验设计都发生了颠覆性的变化。目前智能手机越来越普及，使用智能手机已经成为人们日常生活中的重要内容，其给人们的生活、工作带来了极大的便利。如今，人们随时随地都可以使用智能手机享受各种信息服务，例如购票、支付款、导航、看新闻、看直播、听音乐等。下面以iPhone手机为例，来梳理智能手机在性能、外观，以及应用等方面的变化和发展。

1. 屏幕尺寸和性能

第一代 iPhone屏幕的尺寸是3.5英寸（约89毫米），分辨率是320像素×480像素，屏幕像素密度是91像素/英寸，1600万色的TFT触控屏。而到第十四代iPhone X时，其屏幕无边框，尺寸是5.8英寸（约147毫米），由于采用了OLED技术，其分辨率达到2436像素× 1125像素，屏幕像素密度达到458像素/英寸。

2. 外观变化

第一代iPhone的外观尺寸是115毫米×61毫米×11.6毫米，重量是135克，机身材料是金属材质。第十四代iPhone X的外观尺寸已经是143.6毫米×70.9毫米×7.7毫米，重量是174克，机身前后都是增强型玻璃面，外框是一个连续的不锈钢带。iPhone X保留了顶部的听筒、自拍相机和传感器，取消了Home键，以Face ID取代了集合在Home键上的Touch ID功能。

3. 操作系统及处理器性能变化

第一代iPhone采用iOS 2.0操作系统，CPU为ARM11，CPU频率为416Hz，运存（程序运行的存储空间）为128MB，内存有4GB和8GB两个版本。第十四代iPhone X拥有3GB的运存，内存有64GB和256GB两个版本，操作系统目前已升级到iOS 11.1，并采用A11 Bionic处理器，在此处理器中，内置了一系列复杂的控制器，并且对每一个控制器都针对特定的任务进行了优化。

4. 拍摄性能变化

第一代iPhone采用单摄像头，后置摄像头是200万像素，支持视频拍摄、连拍、滤镜、自动对焦和数码变焦。第十四代iPhone X采用的是后置双1200万像素摄像头，广角镜头光圈为F1.8，能以60帧/秒的速度拍摄4K视频，也能以240帧/秒的速度拍摄1080P慢动作视频。长焦镜头光圈升级至F2.4，可以拍出更加令人惊叹的照片。双镜头均支持光学防抖，并且采用4个LED补光灯。零延迟的快门，可以更加准确地抓住关键瞬间。两个后置镜头都具有光学图像防抖功能，而且反应更快，即使在弱光下，也能拍出效果出众的照片和视频。前置摄像头为700万像素，光圈为F2.2，拥有景深识别功能，人像光效功能则根据摄影布光的基本原则，结合深度感应摄像头和面谱绘制等复杂的软硬件技术，能够生成逼真的影棚级光效。

5. App 应用变化

第一代iPhone不支持3G网络，无复制、粘贴以及音乐等功能。如今，不仅是第十四代iPhone X，多款智能手机都可以当作电脑使用，功能非常强大。这是由于智能手机具有与电脑相同的安装和卸载应用程序的特点。应用程序可以提供各种各样的功能，如游戏、导航、新闻、天气预报等。用户能够根据需求安装相应的应用程序，这就极大地扩展了智能手机的应用范围，使用户可以随时随地像使用电脑一样使用智能手机工作、学习及享受各种信息服务。

1.4　H5 简介

人们上网所看到的网页，多数是用HTML编写的，而HTML是"超文本标记语言"的英文缩写。其"超文本"是指页面内可以包含图片、链接、音乐、程序等非文字元素，"标记"则是指这些超文本必须由包含属性的开头与结尾的标志来标记。HTML5是指第5代HTML规范标准，常被简称H5。H5是包括HTML、CSS、JavaScript在内的一套技术组合。

在多媒体应用中，H5指利用H5技术制作的数字产品，本书介绍的H5主要是指这类数字产品。

1.4.1　H5 的基本特征

H5最大的特点是跨平台，在不需要开发者做太多的适配工作，也不需要用户下载的情况下，随意打开一个浏览器就能访问H5页面。H5提供完善的实时通信支持，具体表现在以下几个方面。

1. 内容及视觉效果

H5支持字体嵌入、排版、动画、虚拟现实等功能。其中，动画和虚拟现实是品牌营销、活动推广、网页游戏、网络教育课件的重要表现形式。在PC互联网时代，这些内容基本是用Flash来制作的，但由于移动互联网的主流移动操作系统一般不支持Flash，并且Adobe公司也不再开发移动版Flash，这使得H5成为移动智能终端上制作和展现动画内容的最佳技术之一。

2. 图像图形处理能力

H5支持图片的移动、旋转、缩放等常用编辑功能。利用H5开发工具，一个非专业人士在很短的时间内，也可以轻而易举地完成具有动画、虚拟现实等形式的交互类H5的设计与制作。

3. 多媒体应用特点

App的原生开发方式对文字和音视频混排的多媒体内容处理来说相对麻烦，需要拆分文字、图片、音频、视频，解析对应的统一资源定位符（以下简称URL）并分别用不同的方式进行处理。H5则不受这方面的限制，可以将文字和音视频放在一起进行处理。

4. 交互方式

H5提供了非常丰富的交互方式，不需要编码，按照开发工具中提供的提示信息，通过简单的配置就可实现各种方式的交互。

5. 开发与应用优势

H5的开发成本和维护成本低，开发周期短，并且升级方便，打开即可使用最新版本，免去用户重新下载和升级的麻烦。对于开发者来说，H5开发的门槛较低。

6. 应用环境优势

H5的安装和使用都很灵活、方便；增强了图形渲染、影音、数据存储、多任务处理等处理能力；本地离线存储，浏览器关闭后数据不丢失；强化了Web网页的表现性能；支持更多插件，功能越来越丰富。H5兼容性好，用H5的技术开发出来的应用在各个平台都适用，且可以在网页上直接进行调试和修改。

7. 传播推广

H5的推广成本低，传播能力强，视觉效果好，实时性强，是各种组织机构进行活动宣传、企业品牌推广和产品营销的利器。

1.4.2　H5 开发工具与 H5 营销

1. H5 开发工具

H5开发工具的出现，使得一款含有图像、视频、音频、动画等媒体形式的交互数字产品，制作用时短，发布方便，使用也方便。

目前，市场上有多种H5开发平台，这些平台为开发H5提供了有力的支持，使H5的开发变得轻松简单，方便快捷，且开发成本低。例如，易企秀、MAKA、Mugeda等，这些开发平台都有各自的特点。

简单、方便、易操作、易掌握、功能强大的H5开发工具，为编程零基础的人们开发精美的H5提供了便利。同H5应用需求的发展一样，未来的H5开发与制作会像如今人们使用Word文档一样普及。这就是为什么要学习H5开发工具，掌握H5页面制作技术的一个重要原因。

2. H5 营销

打开手机，在头条、腾讯及微信朋友圈中看到的那些精美的，带有动画、音乐、视频等表现形式的，点开后可以滑动翻页且还带各种特效的作品，基本上都是利用H5技术制作的，这其中包括企业产品广告、活动宣传广告，以及新闻、小游戏、纪念相册、课件、婚礼请帖等。

H5的传播性极强，一个优秀的H5在很短的时间内甚至可以达到数亿的曝光量。相对于传统营销，H5营销具有明显优势，如表1.1所示。

表1.1 传统营销与H5营销的对比

项目	传统营销	H5营销
形式	主要是纸张、视频及动画，互动性差，与用户有距离感	艺术综合表现力强，交互性强，且能穿插呈现；互动性强，有极强的表现力和吸引力
传播速度	受时间、空间限制	传播速度快，有智能手机和网络覆盖，就可立即传送到达
浏览量及传播效果	受时间、空间限制	可以迅速大量传播，传播效果好
投资	投资大，包括人力、播放渠道等的投入	投资少，包括人力、播放渠道等的投入
开发时间	开发时间长，需要经多个开发阶段	开发时间短，开发简单、快捷
实时性	实时性弱	实时性强，开发时间短，有利于营销；开发完成后，可立即发布、传播
人力	对开发人员的专业能力要求高，人力投入多	开发技术门槛低，人力投入少

由此不难理解，为什么现在很多商家或企业都在努力研究和制作H5，利用H5来实现营销目的了。

1.4.3 H5案例体验

1. H5所支持的媒体形式和多种交互方式

H5与智能手机相结合营造出前所未有的内容创新空间，丰富的媒体形式与交互方式的融合，使数字内容的呈现方式发生了巨大的变革。H5完美地支持了所有目前常见的媒体形式及移动交互方式，分别如图1.6和图1.7所示。

文字　图片　音频　视频　网页　全景　直播　图表　动画

图1.6 H5支持的媒体形式

触屏　陀螺仪　定位　拍照　相册　录音　通讯

图1.7 H5支持的移动交互方式

2. 案例赏析

　　H5媒体形式和交互方式丰富多样，在全景VR、全景视频、交互图表、多点触控、手写识别等方面的应用极为广泛，深受用户的喜爱。表1.2提供了一些采用不同媒体形式和交互方式设计制作的H5案例供读者欣赏。

表1.2　H5案例解析表

案例类型	长图交互	交互图表	陀螺仪	内容创作，文字互动	内容创作，图片互动	内容创作，绘画互动
案例概述	3代人55年荒漠变林海	世界无烟日	端午吃粽子小游戏	生成你的名片	九九重阳晚报头版留给你	Pig 送福
出品单位	人民日报客户端	木疙瘩	木疙瘩	木疙瘩	乌鲁木齐晚报全媒体	人民日报客户端
二维码						

第 2 章

可视化的 H5 页面
制作平台 Mugeda

Mugeda是一个在功能和H5页面制作方面都有显著优势的在线H5页面制作云平台。本章将介绍Mugeda的研发背景、特点、基本功能和应用等内容。通过本章的学习，读者可以对Mugeda平台有一个基本的认识和了解。本章主要内容如图2.1所示。

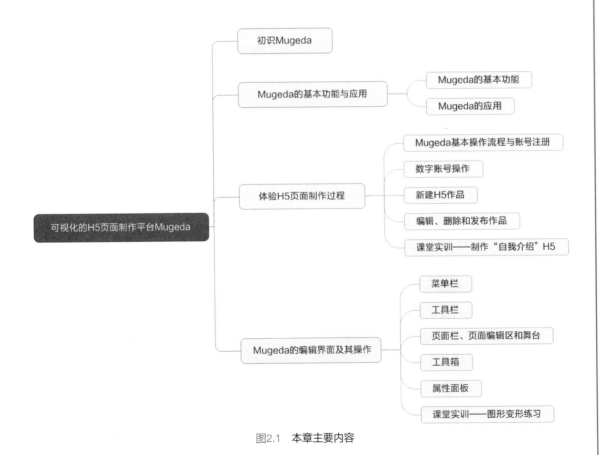

图2.1　本章主要内容

2.1　初识 Mugeda

Mugeda是一种可视化的H5页面在线开发平台，其功能强大，具有简单、易学、易操作等特点。利用Mugeda可以设计制作出表现形式丰富，艺术效果好的H5页面。为此，在学习具体的Mugeda设计制作技术和方法之前，应该对其有基本的认识和了解。

1. 什么是 Mugeda

制作交互动画需要有相应的集成开发环境（Integrated Development Environment，IDE），HTML程序开发主要用IDE实现。IDE是用于程序开发的工具，是集代码编写、分析、编译、调试等功能于一体的开发软件服务套件，一般包括代码编辑器、编译器、调试器和图形用户界面等。

Mugeda是一个可视化的H5交互动画制作IDE云平台，内置了功能强大的应用程序编程接口（Application Programming Interface，API），拥有强大的动画编辑功能，并为创作者提供自由的创作空间：不需要任何下载、安装操作，在浏览器中就可以直接创建表现力丰富的交互动画，从而高效地完成面向移动设备的H5交互动画的制作发布、账号管理、协同工作、数据收集等工作。

2. Mugeda 的基本特点

Mugeda具有以下6个特点。

（1）功能强大

运用Mugeda平台不仅能够对文字、图像、音频、视频等进行简单的处理，还能制作专业级的动画、交互、虚拟现实等效果。

（2）创作途径多样、灵活

Mugeda为H5创作者提供了多种制作H5交互动画的方式，如在舞台（编辑窗口）中制作，利用平台提供的模板制作，或者自行编写代码制作等。因而，不管是毫无编程经验的创作者还是编程高手都能轻松使用Mugeda创作出自己想要的H5作品。

（3）制作 H5 交互动画简单、快捷

快速制作高水准的H5交互动画，并实现实时发布是Mugeda平台的一个重要特征。

（4）平台适应性强

Mugeda平台适用于所有浏览器，全面兼容移动设备端的各种操作系统，如iOS、Andriod、

Windows、WebOS等，可一次开发，多平台部署，能满足不同的开发需求。

（5）使用便捷

Mugeda平台不需要任何插件，也不需要下载、安装，直接在支持H5的浏览器中即可进行H5交互动画的制作。

（6）易学易掌握

Mugeda平台创作界面可视化程度高，布局简单合理，便于初学者快速掌握并上手操作，适合各种专业背景的人员学习。即使没有程序开发的知识和能力，也不必担心，仅需基本的培训就能够掌握Mugeda的操作，制作出H5交互动画。对于有Flash基础的设计师来说，则不需任何培训，就可以直接利用Mugeda平台完成专业级的H5交互动画的制作。

3. 动画与交互动画

Mugeda具有丰富且简单易学的交互动画功能，这是其重要特点也是本书讲述的重点。

（1）动画

动画，简单地说就是能够"动"的画面：通过采用各种技术手段，如人工手绘、电脑制作等，在同一位置，用一定的速度，连续地切换画面，使静态的画面"动"起来。

（2）数字动画

数字动画是相对于传统动画而言的，传统动画通常是指运用某种技术手段将手工绘制或手工制作的实体（如图画、皮影、泥塑等）制作成动画。如果在动画制作过程中采用的主要是计算机及其相关设备，则制作出的动画就被称为数字动画。

（3）交互

顾名思义，交互就是交流互动——"交"是指交流，"互"是指互动。此外，交互也可以理解成"对话"。在信息技术中，交互是指计算机软件用户通过软件操作界面，与软件对话，并控制软件活动的过程。

（4）交互动画

交互动画通常是指数字动画，它与非交互动画的主要区别：交互动画的受众可以有选择性地观看，或对动画进行控制，而不是被动地接受动画。因此，交互动画能给受众带来更多的趣味和更好的体验。

2.2　Mugeda 的基本功能与应用

Mugeda功能非常强大，应用广泛。本节将系统地介绍Mugeda的基本功能与应用。

2.2.1　Mugeda 的基本功能

在Mugeda平台上，不仅可以制作H5作品，还可以发布作品，共享作品，导出作品，共享和管理素材。Mugeda在H5页面制作方面的主要功能如表2.1所示。

表2.1　Mugeda的主要功能

功能	项目
完整H5页面制作与发布	加载页制作、H5页面设置、发布H5作品
动画制作	预置动画、帧动画、进度动画、路径动画、变形动画、遮罩动画、元件动画
交互	动画控制、页面控制、媒体（图、文、音视频等）交互控制
专项应用	虚拟现实、网页与手机定制功能、微信功能、幻灯片功能、曲线图表、调用第三方文字与图片、预置考题功能、拖放容器功能、表单功能
实用工具	擦玻璃、点赞、绘画板、随机数、计时器、陀螺仪、抽奖、计数器、排行榜、连线、随机数
资源共享：模板与资源库	模板的使用和生成、资源的使用、资源库的建立

2.2.2　Mugeda 的应用

作为可视化H5交互动画内容制作平台，Mugeda在应用方面具有社交分享便利，传播性强，用户体验丰富，互动性好，制作及传播成本低，利于效果追踪以及数据反馈方便等多方面的优势。对企业产品营销、企业宣传、活动介绍、新闻发布、数字出版以及教育培训等活动来说，交互动画虽然不是必需品，但交互动画可以为企业和个人在互联网应用上提供足够的功能及灵活性，交互动画能够将文字叙述以生动逼真的动画方式呈现出来，使干巴巴的新闻宣传及抽象的原理知识变得生动有趣。

1. 企业宣传和产品营销

H5集图、文、音频、视频、动画于一体，具有直观、生动、形象、趣味性强、发布及时、传播迅速、便于更新等特点，能给用户带来新的体验。因此，H5对企业来说是宣传企业、推广产品、提高企业竞争力、建立品牌的重要手段。图2.2所示的是滴滴公司出品的一个H5广告，该H5广告表现出了滴滴专车的舒适、方便和安全，达到了滴滴公司所要求的宣传效果。

图2.2　滴滴公司的H5广告

扫码看视频

2. 新闻

基于H5技术的交互性新闻，并不只是由图、文、音频、视频、动画等组合而成的，其最核心的特征是具有交互性。交互性新闻直观、生动、风趣、可读性强，对读者有巨大的吸引力。此外，交互性新闻还具有引导性，可使读者参与其中。总之，基于H5技术的交互性新闻，突破了传统新闻的内容展示形式，也突破了人们阅读新闻的方式，开创了新闻的新表达方式，是新闻传播以及扩大新闻影响力的重要手段。

3. 教学

交互动画，能够将那些难以理解的、抽象的、无法通过实验表现的，以及由于危险、有害或无条件开展实验的科学原理形象生动地呈现出来，而且用户可利用移动端设备随时随地进行多次浏览。Mugeda这一H5交互动画制作平台具有易学、易掌握的特点，不论何种学科的教师都能够在很短的时间内轻松地掌握H5交互动画的制作方法。图2.3所示的是Mugeda出品的一个化学实验的H5交互课件"一氧化碳还原氧化铜"。该课件寓教于乐，可由学生模拟实际实验步骤安装实验器皿，投放实验原料，一旦操作步骤不正确则自动出现提示，实验结束后还配有练习。这充分体现出H5交互动画的优势。

图2.3　化学实验交互H5课件

扫码看视频

4. 出版

以激光照排和印刷技术作为支撑的传统出版物和以计算机数字技术为手段的数字出版物，传达的信息以及带给读者的视觉感受和审美体验都是单向的，读者仅仅是视知觉信息接收者。虽然数字出版将传统出版物中仅有图文的表现方式改变为图文、视频、音频、动画结合的表现方式，但创作者与读者之间的关系并没有发生变化，读者还是只能被迫接受出版物所传达的信息。H5交互动画的出现，极大地改变了读者的阅读方式，为人们的生活提供了丰富的体验，使读者与创作者有了深层次的情感和观念的交流。读者甚至在阅读时，可以根据个人对作品的理解对作品进行二次创作。图2.4所示的是Mugeda出品的H5交互动画绘本《三只小猪》的首页。作品中采用翻页、触摸、摇一摇等多种交互形式，将图文、音频、动画通过交互完美地结合在一起。

此外，基于H5技术的交互动画产品，在医疗、旅游、地产、商业、服务、科普、艺术等领域都具有广泛的应用前景。

图2.4　H5交互动画绘本《三只小猪》　扫码看视频

2.3　体验 H5 页面制作过程

Mugeda操作简单、便捷，创作者无论身处什么地方，只要能连接上互联网，就可以进行H5动画的制作，并通过网络实时发布。

2.3.1　Mugeda 基本操作流程与账号注册

就软件而言，掌握其操作流程是最基础和最重要的工作之一，只有掌握和理解了软件工具的操作流程，才有可能用好，操作好软件。本小节将从注册开始，对Mugeda的操作流程进行介绍。Mugeda的基本操作流程如图2.5所示。

图2.5　Mugeda基本操作流程

1. 注册 Mugeda 账号

（1）登录环境

连接网络，打开浏览器，建议使用谷歌浏览器。

（2）进入主页面

在浏览器的地址栏中输入 "edu.mugeda.com"，按【Enter】键进入Mugeda的主页面，如图2.6所示。

图2.6　Mugeda的主页面

要点提示　Mugeda平台提供有两种版本：一种是用于教学的 "edu.mugeda.com" 版本，另一种是商用的 "www.mugeda.com" 版本。本书是基于 "edu.mugeda.com" 版本进行讲解的。这两个版本的软件在功能上基本相同，但是也有一些不同之处，读者若想详细了解两个版本软件的差别可扫描二维码观看视频讲解。

扫码看视频

（3）进入账号注册页面

在图2.6所示的Mugeda平台的主页面中单击右上角的【注册】按钮，页面跳转至账号注册页面，如图2.7所示。

（4）注册

在图2.7所示的账号注册页面中输入注册信息，单击【提交】按钮注册成功后，用户即可获得一个免费的Mugeda数字账号。

图2.7　账号注册页面

要点提示 在"www.mugeda.com"版本中，用户既可以选择微信扫码注册，还可以选择手机注册，如图2.8所示。如果选择手机注册，其账号注册页面如图2.9所示。

图2.8 注册方式选择

图2.9 账号注册页面

2. 登录 Mugeda 账号

用户注册成功后，登录Mugeda账号，页面右上角上将显示用户获得的数字账号，如图2.10所示。

图2.10 用户获得的数字账号

2.3.2 数字账号操作

进入Mugeda平台后的第一步是进行数字账号操作。

1. 打开数字账号下的菜单

将鼠标指针移至数字账号上，会显示下拉菜单，菜单中包括"我的作品""我的账户""定制服务""退出"等选项，如图2.11所示。

2. 进入作品工作台页面

单击图2.11所示的"我的作品"选项，

图2.11 数字账号下的菜单

进入工作台页面，如图2.12所示。用户可单击工作台左侧的【我的作品】按钮，进入作品管理页面，如图2.13所示。

图2.12　工作台页面

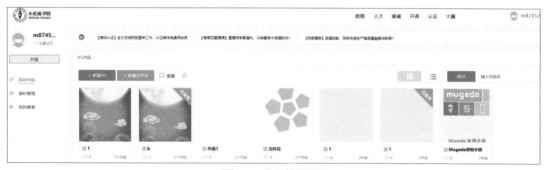

图2.13　作品管理页面

3. 退出系统

单击图2.11所示下拉菜单中的"退出"选项，将退出当前数字账号并返回Mugeda的登录页面。

要点提示　工作台页面与作品管理页面的区别：工作台页面中显示有商业用户服务提示项和系统消息栏目。这两个项目的存在，缩小了作品项显示空间（工作台页面仅有一行用于显示作品项，作品管理页面则有两行用于显示作品项）。所以在作品较多的情况下，建议在作品管理页面中进行操作。

2.3.3　新建 H5 作品

新建H5作品的基本步骤：

① 进入工作台页面；

② 单击新建按钮 ＋新建 ；

③ 选择编辑器类型，在弹出的对话框中选择"专业版"；

④ 进入H5编辑界面；

⑤ 制作、编辑H5作品；

⑥ 预览作品，如果有问题（或不满意），可重新对作品进行编辑修改；

⑦ 作品制作编辑完成后，为作品命名，并存盘；

⑧ 发布作品。

下面就以制作"爱惜共享单车"H5作品为例介绍新建H5作品的操作过程。

1. 制作任务

制作一个提醒人们爱惜共享单车的公益广告，保存并发布。

2. 任务要求

① 内容要求：H5作品以一张摄有被损坏的共享单车图片为背景，在图片适当的位置，醒目地显示出文字"请爱惜共享单车"。

② 页面版式要求：竖版，其高度与宽度比例大致为2：1即可。

3. 准备素材

将素材图片存入电脑中。本例中，素材图片主要展示的是一辆破损的共享单车。

4. 操作过程

（1）新建作品

在图2.12所示的工作台页面中，单击新建按钮 ＋新建 ，如图2.14所示，弹出【请选择编辑器】对话框，如图2.15所示。

图2.14　新建H5作品

图2.15　选择编辑器类型

　　选择"专业版"选项，进入H5编辑界面，如图2.16所示。H5编辑界面主要分为8大区域：①菜单栏，②工具栏，③时间线，④工具箱，⑤页面栏，⑥页面编辑区，⑦舞台，⑧属性面板。

　　在Mugeda中舞台默认为竖版。舞台的大小和方向均可在属性面板中通过更改舞台属性来完成。

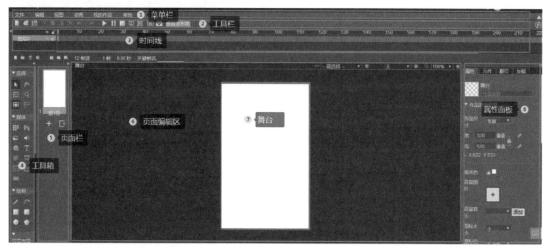

图2.16　H5编辑界面

要点提示　舞台是H5作品的显示窗口。对于发布了的H5作品，不论是在PC端显示器上，还是手机屏幕上，用户只能浏览到舞台上出现的内容。

　　（2）导入图片到舞台上

　　① 在工具箱中单击导入图片按钮 ，弹出【素材库】对话框，如图2.17所示。

　　② 如果素材库中没有满足任务要求的图片，需要在电脑里保存的图片中查找（本例已将素材图片提前存入电脑），找到合适的图片后将其上传到素材库中。具体操作方法：单击图2.17所示【素材库】对话框中的添加按钮 ，弹出【上传图片】对话框，如

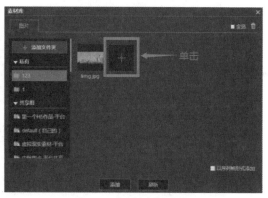

图2.17　【素材库】对话框

图2.18所示。

要点提示 执行操作步骤②的前提是电脑中存有满足任务要求的图片。

③ 在【上传图片】对话框中单击，弹出【打开】对话框（这里所使用的是Windows操作系统），通过该对话框找到需要的图片，并用鼠标将其拖曳到

图2.18 【上传图片】对话框

【上传图片】对话框中，如图2.19所示。图片被拖入后的效果如图2.20所示，单击【确定】按钮，该图片被添加到了素材库中。

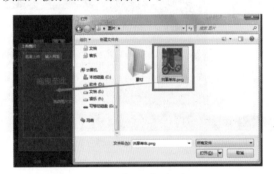

图2.19 【打开】对话框

图2.20 图片拖入后的结果

④ 如图2.21所示，在素材库中单击该图片，图片被选中，且图片右上角出现符号，单击【添加】按钮，该图片被导入到舞台上，如图2.22所示。

图2.21 图片被添加到素材库中

图2.22 导入到舞台上的图片

要点提示　如图2.22所示，由于图片比例与舞台比例不一致，所以舞台的上下两端出现空白，解决此问题的具体方法可参见本章2.4.5小节，本例此处暂不作处理。

（3）文字编辑

文字编辑包括输入文字，设置文字的字号、字体、颜色等多项内容。

① 输入文字。单击工具箱中的文字按钮，鼠标指针变成"+"，在舞台的任意位置单击鼠标，弹出文字输入框，如图2.23所示。

② 在文字输入框中输入文字"爱惜共享单车"，如图2.24所示。

③ 调整文字框大小，移动文字位置。单击工具箱中的选择按钮→变形按钮，文字编辑框转变为变形框，如图2.25所示。

④ 拖动变形框，将文字移至合适的位置，如图2.26所示。

⑤ 在【属性】面板的【大小】输入框中输入字号"30"，在【字体】选择框中选择字体"Arial"，如图2.27所示。

⑥ 在文字编辑框外的任意位置单击，取消变形框。

图2.25　文字变形框

图2.23　文字输入框

图2.26　移动文字的位置

图2.24　输入文字

图2.27　设置字体、字号

（4）预览

单击工具栏中的预览按钮，预览作品。

（5）保存并命名作品

单击工具栏中的保存按钮，弹出【保存】对话框，如图2.28所示。在【保存】对话框中输入作品名"爱惜共享单车"，单击【保存】按钮，作品被保存。

（6）返回工作台页面查看作品

将鼠标指针移至舞台右上角的数字账号上，在弹出的下拉菜单中单击"我的作品"选项，返回工作台页面。此时，作品列表中所列出的第一个作品就是刚刚被保存的作品。

图2.28 【保存】对话框

要点提示 除了上述方法，也可以在H5编辑界面单击菜单栏中的【我的作品】按钮，返回作品管理页面查看作品。

2.3.4 编辑、删除和发布作品

对已经生成的H5作品可进行编辑、删除和发布等操作。将鼠标指针移至作品的缩略图上，会显示出图2.29所示的按钮，包括删除按钮 、【预览】按钮、【编辑】按钮、发布按钮 、查看数据按钮 、转为模板按钮 、推广按钮 等。

1. 编辑作品

单击【编辑】按钮后进入H5编辑界面，用户就可以对该作品进行编辑处理了。

图2.29 作品缩略图上的功能按钮

2. 删除作品

单击图2.29中的删除按钮 ，弹出删除该作品的提示对话框，如图2.30所示。单击【确定】按钮，作品被删除。需要注意的是，进行删除作品操作时需谨慎，因为目前Mugeda不支持找回被删除作品的功能。

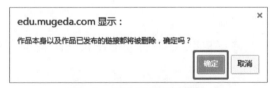

图2.30 删除作品提示对话框

3. 发布作品

单击图2.29中的发布按钮 ，页面跳转至【发布动画】页面，页面中会提示作品是否发送成功，并显示备注、发布地址、分享二维码、发布时间、文件大小等信息，如图2.31所示。

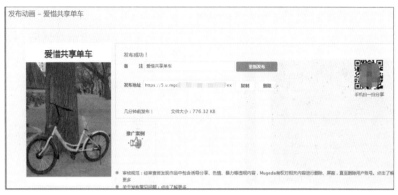

图2.31　【发布动画】页面

要点提示　关于作品发布，对任何作品，第一次发布时，图2.31所示的【发布动画】页面中都会显示出发布进度，发布成功后显示出"发布成功！"提示，并会在"发布地址"栏中显示出作品的链接地址。需要注意的是这里所谓的发布，是指为作品建立起一个"地址"。单击【复制】按钮后，将复制的地址粘贴到PC端浏览器地址栏中，在PC端上可观看作品；单击【删除】按钮后，发布地址被删除；单击【重新发布】按钮后，系统将为作品重新分配"地址"；用手机扫描二维码，可将作品转发到微信中。对于已经发布过的作品，在作品列表中有提示，即作品缩略图的右上角会标注"已发布"，如图2.32所示。

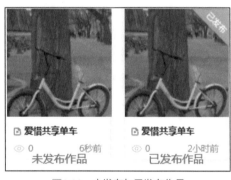

图2.32　未发布与已发布作品

4. 查看数据信息

单击图2.29中的数据按钮📊，页面跳转至【数据】页面，页面中会显示出作品的统计数据、用户数据、内容分析等相关信息，如图2.33所示。

5. 将作品转换为模板

单击图2.29中的转为模板按钮🔲，按钮下方会弹出下拉菜单，菜单中包括"转为私有模板"

图2.33　【数据】页面

和"售卖模板"两个选项,如图2.34所示。单击"转为私有模板"选项,弹出模板转换成功提示对话框,如图2.35所示;单击"售卖模板"选项,弹出售卖模板提示对话框,如图2.36所示。

图2.34 转为模板按钮的下拉菜单

图2.35 模板转换成功提示对话框

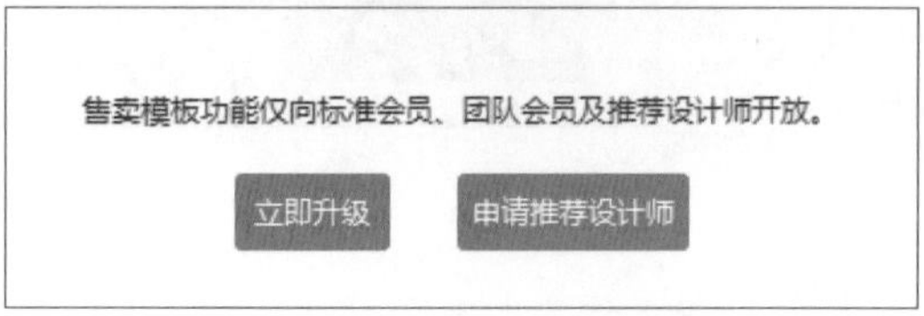

图2.36 售卖模板提示对话框

6. 推广案例

单击图2.29中的推广按钮，页面跳转至【加入空间】页面,页面中包括"上传封面""作品标题""选择场景""选择功能"等项目,如图2.37所示。

单击上传封面处的图标+,弹出【打开】对话框,通过该对话框查找适合用作封面的图片,如果没有适合的图片,则需要另行准备。

勾选图2.37所示页面中的"选择场景"和"选择功能"等项目下方的选项后,单击该页面末尾的【确定】按钮,该作品的推广完成。此后,经后台管理员审定通过后,作品在Mugeda导航"案例"中出现,即表示作品已在推广。

要点提示 在操作过程中,如果需要切换页面,前进或后退,可单击浏览器地址栏前面的按钮"<"或">"进行切换,如图2.38所示。

图2.37 【加入空间】页面

图2.38 切换页面

2.3.5 课堂实训——制作"自我介绍"H5

制作"自我介绍"H5的要求如下：

① 用横版、竖版两种版式各设计制作一个"自我介绍"页面；

② 每个版式的"自我介绍"用两页完成；

③ 第一页的页面要求有一张个人照片，及个人姓名、性别；

④ 第二页的页面要求介绍个人爱好（不超过10个字），及与爱好相关的一张或两张照片。

2.4 Mugeda 的编辑界面及其操作

Mugeda的编辑界面设计简单、明确，用户通过界面操作很容易创作出各种精美的H5作品。下面具体介绍其H5编辑界面中的菜单栏、工具栏、工具箱、页面栏、页面编辑区、舞台、属性面板。

2.4.1 菜单栏

菜单栏包含【文件】【编辑】【视图】【动画】【帮助】等菜单。

1.【文件】菜单

【文件】菜单中包括对作品文件进行管理和对文件资源进行基本处理的命令，掌握文件菜单内各命令的使用非常重要。单击【文件】菜单，弹出图2.39所示的下拉菜单。

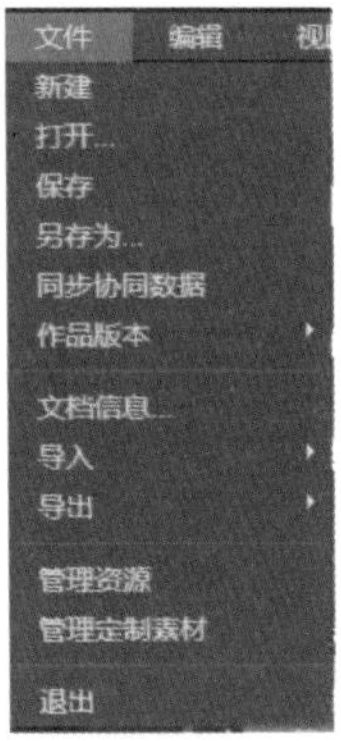

现介绍该下拉菜单中的几项命令。

图2.39 【文件】下拉菜单

（1）作品版本

【作品版本】命令用于记录作品修改的情况，从作品版本中可以看到所有修改的版本。在菜单栏中执行【文件】/【作品版本】命令，会显示出最新版本信息，如图2.40所示。从中可以看到，该作品有3个版本——修改时间均不相同，单击即可切换到相应版本。例如，单击选中作品保存时间为2019/9/27下午10:43:53的版本，舞台上弹出图2.41所示的提示对话框。单击【取消】按钮，该版本作品将被导入舞台。

要点提示　以图2.40所示作品版本为例：保存时间为2019/9/27下午10:43:53的作品版本被重新编辑后，如果既希望保留原版本作品，又希望保存重新编辑后的作品，则需要单击文件菜单中的【另存为】，并重命名，从而生成一个新作品。

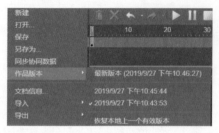

图2.40　版本信息

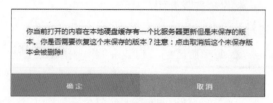

图2.41　版本恢复确认对话框

（2）文档信息

在菜单栏中执行【文件】/【文档信息】命令，弹出【文档信息选项】对话框，如图2.42所示。该对话框中的内容包括转发标题、转发描述、内容标题、预览图片，渲染模式、自适应、旋转模式、编辑元信息等。

① 转发标题、转发描述、内容标题、预览图片的设置。以"爱惜共享单车"作品为例，根据作品内容，在"转发标题""转发描述""内容标题"栏内填写相应的内容，分别为"共享单车""发给朋友""爱护共享单车"。然后，在预览图片处导入一张大小为128像素×128像素的图片，如图2.42所示。此例中，渲染模式、自适应、旋转模式保持默认设置即可。

② 编辑元信息设置。单击图2.42所示的【编辑元信息】按钮，展开【编辑元信息】的填写内容，用鼠标往下拖曳对话框右侧的下拉条，显示出图2.43所示的需要创作者填写的内容项。这些信息属于后台管理分析的内容，用户是无法看到的。

图2.42　【文档信息选项】对话框

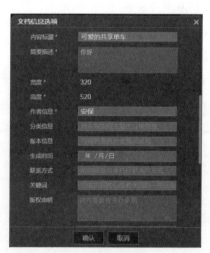

图2.43　编辑元信息

文档信息填写完成后，经保存，发布，用手机扫描二维码，转发给朋友等一系列操作后，收件人的微信中会收到该作品的浏览链接，所设置的转发标题、转发描述、预览图片在微信中的显示效果如图2.44所示。点击该链接，即可打开该H5作品，设置的内容标题在转发后的作品中的显示效果如图2.45所示。

③ 渲染模式设置。单击"渲染模式"选择框右侧的下拉按钮▼，弹出的下拉菜单中包含图2.46所示的4种模式。对H5作品的输出没有特殊要求的情况下，渲染模式一般默认设置为"标准"。

④ 自适应设置。作品在屏幕上的显示方式是通过自适应

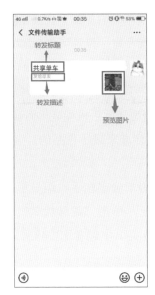

图2.44　微信接收H5作品链接

图2.45　微信打开H5作品内容

图2.46　"渲染模式"下拉菜单

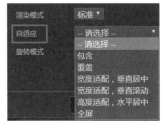

图2.47　"自适应"下拉菜单

设置调整的。单击自适应选择框右侧的下拉按钮▼，弹出的下拉菜单中包含图2.47所示的6种模式。

由于自适应设置与移动用户终端手机直接相关，所以在H5编辑界面的页面编辑区也提供了自适应设置选择框，即图2.48中的"设置页面适配方式"选择框。此外，与移动用户终端手机直接相关的还有手机型号，因此在页面编辑区也提供了"选择手机型号"选择框。如图2.48所示，"设置页面适配方式"和"选择手机型号"选择框位于页面编辑区的右上方。

图2.48　"设置页面适配方式"与"选择手机型号"

单击"设置页面适配方式"选择框右侧的下拉按钮▼，会显示出与图2.47所示相同的下拉菜单，其中比较难理解的是"包含"与"覆盖"两个选项。

"包含"选项的功能：对任何型号的手机端显示而言，不论设置的舞台大小是多少，比例如何，都会将舞台作品不变形地在手机端全部显示出来。

"覆盖"选项的功能：对任何型号的手机端显示而言，作品显示都是以手机屏幕显示比例为标准来显示作品的，这会出现作品内容显示不完整的现象。

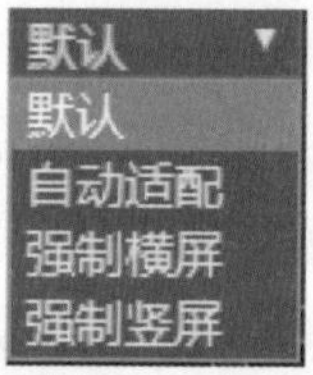

⑤ 旋转模式设置。该模式用于确定在手机端显示H5作品的方式：横屏、竖屏或自动适配。单击"旋转模式"选择框右侧的下拉按钮▼，弹出的下拉菜单中包含图2.49所示的4种模式。

图2.49　"旋转模式"下拉菜单

（3）导入

【导入】命令是将图片、视频、音频、脚本等素材，从素材库中导到舞台，或从本地计算机中导入素材库。在菜单栏中执行【文件】/【导入】命令，弹出【导入】下拉菜单，如图2.50所示。

扫码看视频

图2.50　【导入】命令下拉菜单

要点提示　导入任何类型素材的操作方法和过程都是一样的，见2.3.3小节。需要注意的是对于AI/SVG/EPS/PSD格式的文件会被当作JPG格式文件导入。

（4）导出

在菜单栏中执行【文件】/【导出】命令，弹出【导出】下拉菜单，如图2.51所示。使用不同的浏览器导出素材的方法不同。扫描二维码可观看利用不同浏览器导出素材的操作方法讲解。

图2.51　【导出】命令下拉菜单

扫码看视频

（5）管理资源

【管理资源】命令用于查看当前正在编辑的H5的页面资源使用情况。执行菜单栏的【文件】/【管理资源】命令，弹出【资源管理器】对话框，如图2.52所示。

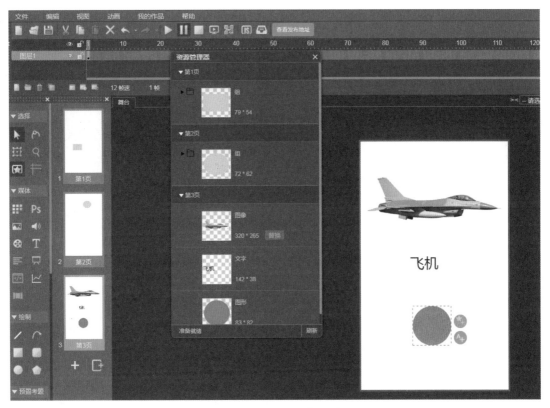

图2.52 【资源管理器】对话框

从图2.52中可以看到，正在编辑的H5作品包括3个页面，舞台上正在编辑的是第3个页面。资源管理器当前展开的是第3个页面，创作者可以清楚地知道所展开的这两个页面资源的使用情况。其中，单击图像右侧的【替换】按钮还可以对该图像进行替换。

要点提示　管理资源中只支持图像替换。

（6）同步协同数据

【同步协同数据】命令是为企业用户提供多用户共享作品及协同创作使用的。该功能需要与工具栏中的通过二维码共享工具配合使用。在工具栏中单击通过二维码共享按钮，弹出图2.53所示的【通过二维码共享】对话框。

通过该对话框可设置同步协同数据，下面重点介绍其中的"协同共享"与"分页共享"功能。这两个功能实现的基本过程：假设某企业账号下有多个子账号，经编辑共享地址操作后，这些账号有权在企业账号下共享作品及协同创作。

① 共享企业账号下的作品。企业账号下的作品可以分享给企业账号下的任何一个子账号，由其进行创作和编辑，对于企业账号下具有多个页面的作品，可将不同的页面

图2.53 【通过二维码共享】对话框

分发给不同的子账号，并可在各个子账号中创作编辑。编辑之后，在菜单栏中执行【文件】/【同步协同数据】命令，编辑后的作品则自动返回企业账号下的原作品、原页面中。

② 企业账号下各子账号之间也可以实现子账号之间的作品协同共享及作品分页共享。共享方式同企业账号下作品的共享方式相同。

2.【编辑】菜单

单击菜单栏中的【编辑】菜单，弹出图2.54所示的下拉菜单。下面重点介绍其中的几个特殊命令。

（1）锁定物体

选中舞台上需锁定的物体，执行【编辑】/【锁定物体】命令，即可将物体锁定。物体锁定后，不能对其进行位置、大小等属性的调整。执行【编辑】/【全部解锁】命令，可解锁舞台上所有被锁定的物体。

（2）排列

此命令用于排列舞台上各个物体所在图层的顺序。例如，选中舞台上的某个物体，执行【编辑】/【排列】/【上移一层】命令，即可将该物体上移一层。

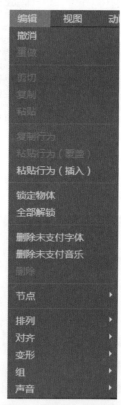

图2.54 【编辑】下拉菜单

（3）对齐

对齐的作用是调整舞台上各物体之间的对齐方式，包括左对齐、右对齐、上对齐、下对齐等。选中需对齐的所有物体，执行【编辑】/【对齐】/【右对齐】命令，即可实现物体在舞台上右对齐的效果。

要点提示　选中多个物体的操作方法：单击选中的第一个物体，按住【Ctrl】键的同时单击选择其余需要选中的物体，全部选中后松开【Ctrl】键即可。

（4）变形

这里的变形实际上是指对物体进行翻转设置。【变形命令】提供左右翻转和上下翻转等变形方式。选中需翻转的物体，执行【编辑】/【变形】/【左右翻转】命令，即可将物体进行左右翻转。

要点提示　排列、对齐、变形等操作也可通过右键快捷菜单实现，具体操作方法：直接在舞台上选中物体，单击鼠标右键，在弹出的右键快捷菜单中执行相应命令即可。

3.【视图】菜单

单击菜单栏中的【视图】菜单，弹出图2.55所示的下拉菜单。【视图】下拉菜单中包括工具条、工具箱、元件库、属性、脚本、时间线、页面、标尺等命令。需要在H5编辑界面中显示哪项命令就勾选该命令，未被勾选的命令将被隐藏。例如，图2.55所示的【标尺】命令未被勾选，在H5编辑界面中则不会出现标尺，只有勾选了【标尺】命令后，舞台上才会出现标尺。若不想在舞台上出现标尺，则取消勾选【标尺】命令。

图2.55　【视图】下拉菜单

2.4.2　工具栏

Mugeda的工具栏如图2.56所示。这里仅介绍几个比较常用的工具。

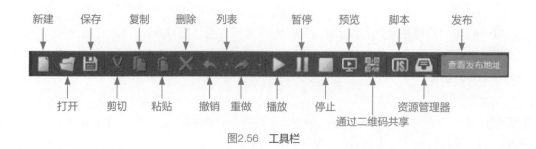

图2.56　工具栏

1. 新建

单击新建按钮 ，弹出图2.57所示的对话框。单击【离开】按钮，弹出图2.58所示的【新建】对话框，从中可选择用户终端（如手机屏幕）的显示方式。例如，此处单击选中"竖屏"选项，单击【确认】按钮，即可新建一个在手机端以竖屏方式显示的H5作品。

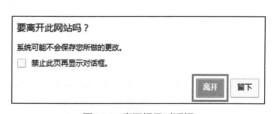

图2.57　离开提示对话框

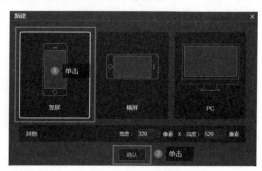

图2.58　【新建】对话框

2. 打开

单击打开按钮 ，弹出图2.59所示的【我的作品】列表。在该列表中单击选择一个作品，弹出离开提示对话框，单击对话框中的【离开】按钮即可在舞台打开选中的作品。

3. 脚本

单击脚本按钮 ，可添加Java Script脚本代码，如图2.60所示。对初学者来说，此功能暂时用不到。

4. 资源管理器

工具栏中【资源管理器】的作用与【文件】菜单中【管理资源】命令的功能相同。

图2.59　【我的作品】列表

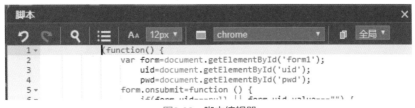

图2.60　脚本编辑器

2.4.3　页面栏、页面编辑区和舞台

如图2.61所示，页面栏是呈现H5作品各页面缩略图的地方。其相关操作：单击页面缩略图，舞台上即可呈现该页面，方便创作者快速选择需要编辑的页面；在页面缩略图上按住鼠标左键并拖动，可以调整页面排序；单击页面缩略图左上角的按钮，可插入新页面；单击页面缩略图右上角的按钮，可删除页面；单击页面缩略图左下角的按钮，可预览页面；单击页面缩略图右下角的按钮，可复制页面；单击页面缩略图下方的按钮，可添加新页面；单击页面缩略图下方的按钮，可从模板添加页面。

页面编辑区位于页面栏和属性面板之间，页面编辑区中有"屏幕适配方式"选择框、"手机型号"选择框、"舞台缩放"选择框和舞台。

舞台是编辑和制作H5作品的"场所"。

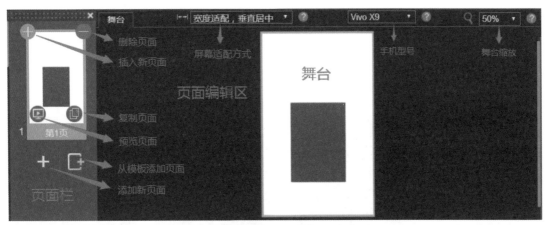

图2.61　页面栏、页面编辑区和舞台

要点提示　通过"舞台缩放"选择框，可对舞台在页面编辑区中显示的大小进行调整，以便创作者在创作过程中观察作品的细节或查看作品的整体效果。

2.4.4　工具箱

工具箱将各种工具归纳整理为多个类别，包括选择、媒体、绘制、预制考题、控件、表单和微信等。每个类别中包含多个工具，图2.62所示的是工具箱中的部分工具。下面介绍一些常用工具的功能及其应用方法。

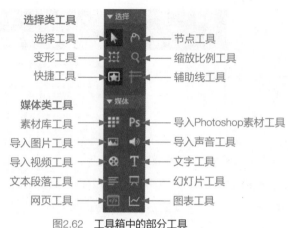

图2.62　工具箱中的部分工具

1. 选择工具与变形工具

在对作品中的"物体"，如文字、声音、图形图像、视频等进行编辑时，通常要先使用选择工具将其选中后，才能进行相应的编辑操作。很多时候，对作品中的某个"物体"，我们还需要进行变形处理，这时就要用到变形工具。下面通过一个具体实例，来介绍选择工具和变形工具的使用方法和具体操作。

某作品的一个页面如图2.63所示。页面中豆绿色部分是页面背景，图片实际上是作品中的一个"物体"，由于图片长宽比例与舞台比例不匹配，所以页面背景被显示了出来。若需要让图片覆盖整个页面，则需要利用选择工具和变形工具对图片进行编辑，具体操作过程如下。

（1）选择操作

单击选择工具▶，单击选中图片。图片被选中的标志是其四周出现白色细虚线框，如图2.64所示。

（2）变形操作

单击变形工具▦，该图片四周出现带有8个白色小方点的变形框，如图2.65所示。将鼠标指针移至变形框的小方点上，当鼠标指针变为双箭头时按住鼠标左键拖

图2.63　原作品页面

图2.64　图片被选中

图2.65　变形框

曳，可以调整图片的宽度和高度；将鼠标指针移至变形框任一个顶角的小方点上，当鼠标指针变为双箭头时按住鼠标左键拖曳，可以调整图片的长宽比并缩放图片；将鼠标指针移至变形框右上角旁的绿色小圆点上，当鼠标指针变为旋转图标时按住鼠标左键拖曳，可对图片进行旋转处理。

2. 快捷工具

快捷工具用于切换"物体"上的快捷工具图标的显示状态。在工具箱中单击一次快捷工具，其图标变换一种形式且切换一种显示状态。当快捷工具的图标为█时，被选中"物体"右侧的快捷工具图标为显示状态；当快捷工具的图标为█时，被选中"物体"右侧的快捷工具图标均为隐藏状态；当快捷工具的图标为█时，舞台上所有"物体"的快捷工具图标均为显示状态。"物体"右侧的快捷工具图标如图2.66所示。

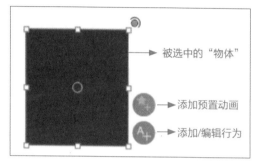

图2.66   快捷图标

3. 节点工具

节点工具是非常重要的图形设计工具，利用它可以设计制作出各种图形。需要注意的是节点工具只能用于编辑利用绘图工具绘制的图形。下面以编辑矩形为例，介绍节点工具的使用方法。

① 在工具箱中单击矩形工具，在舞台中按住鼠标左键拖曳，绘制一个矩形，如图2.67所示。

② 使用选择工具单击选中矩形，选择节点工具，此时矩形上出现节点标志，如图2.68所示。

③ 选中节点：在节点上单击即可选中节点，被选中的节点颜色变为红色，如图2.69所示。

图2.67   绘制矩形   图2.68   选择节点工具   图2.69   选中节点

④ 拖曳节点改变图形的形状：在所选中的节点（呈红色显示）上单击并按住鼠标左键拖

曳，可改变图形的形状，如图2.70所示。

⑤ 重置选中节点：单击选中目标节点，在该节点上单击鼠标右键，在弹出的菜单中执行【节点】/【重置选中节点】命令，此时该节点上出现绿色拉杆，如图2.71所示。在拉杆两端的小圆点上单击并按住鼠标左键拖曳，可以改变图形的形状。

⑥ 添加节点：单击选中节点，在该节点上单击鼠标右键，在弹出的菜单中执行【节点】/【添加节点（细分）】命令，图形上增加了一个节点，如图2.72所示。单击该节点会出现拉杆，在拉杆两端的小圆点上单击并按住鼠标左键拖曳，可以改变图形的形状。

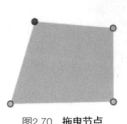

图2.70　拖曳节点

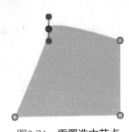
图2.71　重置选中节点

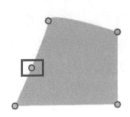
图2.72　添加节点

⑦ 删除节点：单击选中节点，在该节点上单击鼠标右键，在弹出的菜单中执行【节点】/【删除选中节点】命令，可删除该节点。

要点提示　选中节点后，可利用键盘上的【↑】【↓】【←】【→】键来调整图形的形状。

---

4. 缩放比例工具

缩放比例工具与页面编辑区右上角的"舞台缩放"选择框的功能相同。单击缩放比例工具 ，进入缩放模式。在舞台中单击鼠标左键，舞台被放大150%；按住【Ctrl】键，在舞台中单击鼠标左键，舞台被放大110%；按住【Alt】键，在舞台中单击鼠标左键，舞台被缩小150%；按住【Alt】+【Ctrl】组合键，并在舞台中单击鼠标左键，舞台被缩小110%；按住【Shift】键，并在舞台中单击鼠标左键，舞台恢复到100%。按住鼠标左键不放，移动鼠标可上下拖动舞台。

5. 辅助线工具

当页面编辑区存在辅助线时，单击辅助线工具可显示/隐藏页面编辑区中的所有辅助线。注意，只有在页面编辑区中存在辅助线时，此工具才可使用。

辅助线对页面精准排版有重要作用。按住【Alt】键的同时按住鼠标左键，在页面编辑区横向/纵向拖曳鼠标，可获取横向/纵向的辅助线，如图2.73所示。将鼠标指针移至辅助线上并拖曳鼠标，可移动辅助线的位置。将鼠标指针移至辅助线上，当辅助线上出现图标■时，单击该图标可删除辅助线。

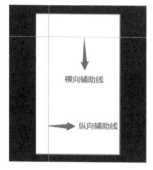

图2.73　辅助线（蓝色竖线）

要点提示　隐藏辅助线与删除辅助线不同，辅助线被隐藏后，可通过单击辅助线工具将其再次显示，但是辅助线被删除后是不可恢复的。此外，在页面编辑区中，可以设置多条横向辅助线和纵向辅助线。

6. 导入图片工具

导入图片工具用于导入图片素材。导入图片的具体操作：单击导入图片工具，打开【素材库】对话框，通过该对话框找到并选中需要导入的图片，单击【添加】按钮，即可导入图片，如图2.74所示。

7. 导入声音工具

导入声音工具用于导入声音素材，导入声音素材的操作方法与导入图片类似。

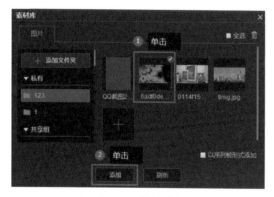

图2.74　导入图片

8. 导入视频工具

导入视频工具用于导入视频素材，导入视频素材的方法与导入图片类似。需要注意的是视频文件应为MP4格式，大小应不超过20MB。

9. 文字工具

文字工具用于输入和编辑文字，其相关操作：单击文字工具后，在页面编辑区单击鼠标左键，可出现文字输入框；输入文字后，在文字输入框外单击，可退出文字输入状态；在文字上双击鼠标左键，文字输入框再次出现，可输入或修改文字；单击选中文字，将鼠标指针移至该文字上，按住鼠标左键拖曳，可移动文字位置；单击选中文字，可在【属性】面板中设置和修改文字属性，如文字的大小、字体、颜色等；单击选中文字后，单击鼠标右键，在弹出的菜单中选择删除物体选项，可删除文字。

2.4.5   属性面板

属性面板包含【属性】【元件】【翻页】【加载】4个选项卡，掌握这些选项卡的操作和使用非常重要。本小节重点介绍【属性】选项卡和【翻页】选项卡的使用方法。

1.【属性】选项卡

【属性】选项卡用于设置和修改舞台及舞台上"物体"的属性。不同"物体"（如文字、图片、视频、动画等）的属性是不同的。所以，在舞台上激活的"物体"不同，其在【属性】选项卡中显示的内容也不同。

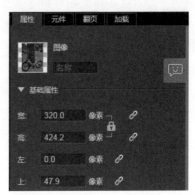

例如，在舞台上选中图片，其属性如图2.75所示。可见，此时的【属性】选项卡中显示该图片的缩略图，在"图像"下方的输入框内可以为该图片命名。【属性】选项卡中"物体"的属性包括"基础属性""高级属性""专有属性"。因为不同"物体"的属性不同，所以不在此对属性的具体设置展开讲解，相关操作和使用方法将在所涉及的后续实例中详细介绍。

图2.75　【属性】选项卡（局部）

2.【翻页】选项卡

【翻页】选项卡用于设置页面之间的切换方式。单击选中【翻页】选项卡，在这里可设置翻页效果、翻页方向、循环、翻页时间等多种页面切换方式，如图2.76所示。其中，有多种翻页效果可供选择，如图2.77所示；翻页方向则有3种可供选择，如图2.78所示。

图2.76　【翻页】选项卡

图2.77　【翻页效果】菜单

图2.78　【翻页方向】菜单

2.4.6　课堂实训——图形变形练习

　　【实训1】利用工具箱中的矩形工具和节点工具，绘制一个"飞机"图形，其关键过程图与最终效果图分别如图2.79和图2.80所示。

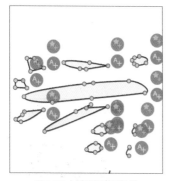

图2.79　绘制飞机零件

图2.80　绘制完成的"飞机"图形

　　【实训2】利用工具箱中的椭圆工具和节点工具，绘制"海豹顶球"图形，其关键过程图与最终效果图分别如图2.81和图2.82所示。

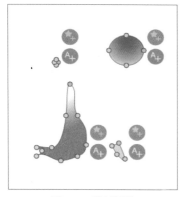

图2.81　绘制部件

图2.82　绘制完成的"海豹顶球"图形

　　要点提示　　在"海豹顶球"图形的绘制中，需要对图形的色彩进行设置。图形的色彩设置操作：单击选中"物体"（球或海豹），在【属性】选项卡中的"填充色"右侧的选择框中，执行【放射】命令，所选"物体"中出现调色杆，如图2.83所示。单击调色杆上的任一个端点并按住鼠标左键拖曳，均可调整选中"物体"的颜色。

单击【填充色】右侧的选色图标■，弹出调色板，如图2.84所示。单击调色板上的小色标■，弹出选色板，如图2.85所示。可在其中直接点选需要的颜色，也可通过输入色值选择颜色。

按住鼠标左键拖曳调色板上的小色标▣，可调整选中"物体"的颜色。在调色板的色条■■■■■■■■■■下方单击鼠标左键，可添加小色标▣。将鼠标指针移至小色标上，按住鼠标左键将其拖曳至调色板外后松开鼠标，可删除小色标。

创作者可综合使用上述操作调整图形的色彩效果，可调整出无数种配色方案。

图2.83　调色杆

图2.84　调色板

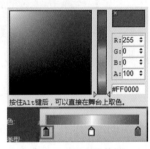

图2.85　弹出选色板

第 3 章

属性与基本的 H5 创作

　　不了解和没有掌握H5制作工具的人，往往对所看到的那些实用且精美的H5作品抱有敬畏之心。事实上，利用Mugeda平台或其他一些H5制作工具来快速制作一款实用且精美的H5作品并不难。本章将通过介绍属性来讲解使用Mugeda平台快速制作H5作品的方法和技巧。本章主要内容如图3.1所示。

图3.1　本章主要内容

3.1 工作台页面、作品管理页面的主要功能与操作

工作台页面与作品管理页面是Mugeda平台中最基本和最重要的页面，是创作新作品和编辑已有作品的通道。

3.1.1 工作台页面的基本结构及操作

在第2章中简单介绍过工作台页面，下面将就其基本结构进行详细的介绍。

登录Mugeda后，将鼠标指针移至页面右上角的数字账号上，在弹出的下拉菜单中单击【我的作品】，进入工作台页面，如图3.2所示。可见，工作台页面主要有5个区：导航区、功能区、作品列表区、商业客户服务区、信息发布区。

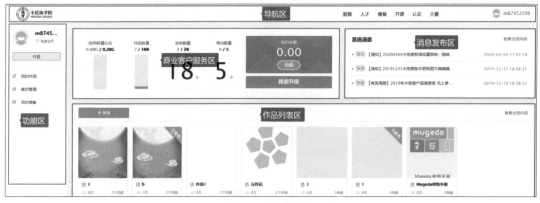

图3.2 工作台页面

1. 导航区

导航区中包括案例、模板、设计师、教程、离线版、报价等功能，其中：

① "案例"中列出了大量的Mugeda平台用户自荐推广并经Mugeda后台管理员审核通过的H5作品；

② "模板"中包含大量各类商业H5模板；

③ "设计师"中推荐了一些H5作品的设计师；

④ "教程"中提供视频课程、文档教程等内容，如图3.3所示；

⑤ "报价"是针对商业用户的，包括商业用户的收费标准、问题解答等。

图3.3 "教程"页面

2. 功能区

功能区中包括"我的作品""素材管理""我的模板""班级管理""作品分享"等功能。

（1）素材管理与共享素材

单击【素材管理】按钮，弹出"素材管理"页面，如图3.4所示。

图3.4 "素材管理"页面

"素材管理"页面中提供【共享组】和【共享】两个特殊功能。这两个功能在实际应用中需相互配合使用，非常适合教师教学使用。

共享素材的操作：单击图3.4所示的"私有"选项，在弹出的下拉菜单中选中素材（可选中整个文件夹或文件夹中的部分素材），单击素材列表右上角的共享按钮 ⊰ ，选中的素材就会被移入【共享组】中，共享给已经关联的用户。

取消共享的操作：选中【共享组】中的文件夹或素材，单击共享按钮 ⊰ 即可。

（2）我的模板

单击【我的模板】按钮，弹出"我的模板"页面，如图3.5所示。图中列出的模板都是用户创建或使用过的模板。单击模板底部的模板使用按钮 ⊞ 使用，可将该模板导入舞台，创作者可直接利用该模板创作新作品。

图3.5 "我的模板"页面

（3）班级管理

此功能是提供给教师使用的，教师可以利用此功能掌握学生完成作业的情况，评判学生作品，统计学生提交作业的数量等。

① 生成班级账号。单击【班级管理】按钮，弹出"班级管理"页面，如图3.6所示。单击【生成】按钮，系统自动分配一个班级码。

图3.6 "班级管理"页面

要点提示　分配班级码后，在码后会出现"停用班级码"提示。单击【停用】/【确定】按钮后，不仅班级码被取消，同时所关联的学生也一同失效。如果需要再次与学生关联，则需要重新生成班级码，并重新与学生建立关联。由于每次生成的班级码都不一样，所以要谨慎停用班级码。

② 学生账号与教师账号的关联设置。教师把班级码发给需要关联的学生，学生登录 Mugeda 平台后，单击页面右上角"数字账号（或微信名称）"下的【我的账户】按钮，弹出"账号服务"页面，如图3.7所示。在"请输入关联码"输入框中输入班级码后，单击【关联】按钮，即可完成与教师账号的关联设置。

图3.7　学生账号与教师账号的关联设置

③ 共享教师账号下的素材和作品。将学生账号与教师账号关联后，学生可以共享教师账号中的素材和作品。学生在自己的账号下，单击作品管理页面或工作台页面中的【素材管理】按钮，可以共享教师账号下"共享组"中的素材；单击【作品分享】按钮，弹出"作品分享"页面，单击作品，在跳转的页面中可选择预览、发布或编辑该作品。

④ 学生提交作品给教师。选中需要提交的作品，单击【预览】/【提交作品】按钮。

⑤ 教师查看和编辑学生提交的作品。教师在自己的账号下，单击作品管理页面或工作台页面中的【班级管理】按钮，页面跳转至"班级管理"页面，该页面中会出现学生提交作品的信息表。本例使用的教师账号已经进行了班级关联，并且关联了一个学生，该学生提交了两个作品，如图3.8所示。

图3.8 "班级管理"页面

单击列表中的"提交作品数量"下的数字【2】，会弹出"关联提交作品"页面，页面中列出该学生提交的两个作品，如图3.9所示。教师单击其中的一个作品，会弹出图3.10所示的"作品管理"页面。教师可从中选择预览、发布或编辑该作品，还可以选择将该作品共享给其他学生。

图3.9 "关联提交作品"页面

图3.10 "作品管理"页面

（4）作品分享

作品分享非常适合在教学中使用。其具体操作：单击【我的作品】按钮，在跳转的页面中找到想要分享的作品，将鼠标指针移至该作品上，单击预览按钮，在弹出的"作品管理"页面中单击【推送给学生】按钮，打开【请选择推送的班级】对话框，勾选需要推送的班级后单击【确定】按钮，即可分享该作品。

3. 作品列表区

作品列表区中列出作品的缩略图上显示了作品的名称、浏览量、保存时间、是否发布等信息。例如，图3.11所示的作品，其名称为"倒霉的猫AA"，浏览量为0，保存时间是1星期前，未发布（缩略图右上角无"已发布"标签）。单击作品名后面的按钮 ⊘，可以更改作品的名称，如图3.12所示。

图3.11　作品信息

图3.12　更改作品名称

4. 商业客户服务区与消息发布区

商业客户服务区中包括充值和升级的功能，显示了当前数字账户的空间容量、服务到期时间等信息。

消息发布区提供Mugeda平台的各种活动的信息。

3.1.2　作品管理页面的主要功能及操作

作品管理页面主要提供与作品管理有关的功能服务。本小节中仅介绍作品管理页面中特有的功能及其操作。

在工作台页面中单击【我的作品】按钮，弹出作品管理页面，在页面的作品列表右上方有作品名输入框和几个按钮。其中，按钮⊞和按钮☰用于切换作品列表的显示样式，单击按钮⊞，作品列表的显示样式如图3.13所示；单击按钮☰，作品列表的显示样式如图3.14所示。

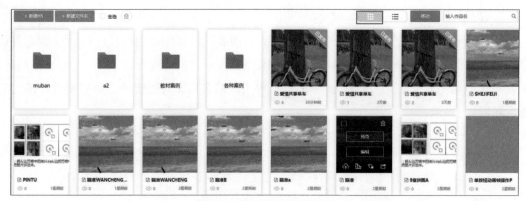

图3.13　作品列表显示样式1

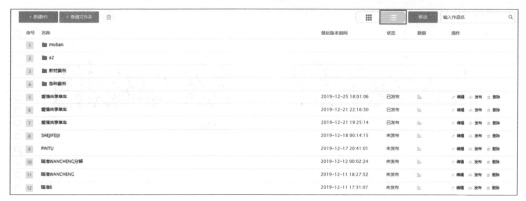

图3.14　作品列表显示样式2

1. 管理作品

管理作品包括预览、编辑、发布、查看数据、转为模板、推广、删除、修改作品名等，这些管理都可在作品列表中进行，相关操作详见本书2.3.4节的内容。

2. 移动作品

勾选需要移动的作品（文件夹），单击作品列表右上方的【移动】按钮 移动 ，可将该作品（文件夹）移动到其他文件夹。例如，勾选名为"爱惜共享单车"的作品，单击【移动】按钮，弹出【移动作品】对话框，如图3.15所示。单击选中目标文件夹，单击【确定】按钮，作品"爱惜共享单车"就会被移至该文件夹中。

3. 查找作品

当用户需要查找某个作品时，可在"输入作品名"文本框中输入该作品的名称，然后单击查找按钮 🔍 ，或按【Enter】键，如果该作品在作品列表中存在，则作品列表中会列出该作品。

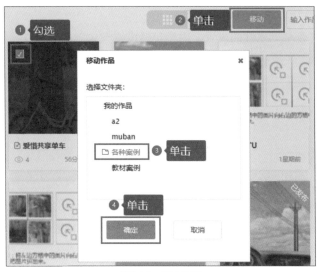

图3.15　移动作品

3.2　舞台的属性与操作

制作H5作品离不开舞台，所以掌握舞台的属性及其操作非常重要。本节将具体介绍舞台相关属性的含义和作用，以及相关操作。

新建一个H5作品，进入H5页面编辑界面，界面中舞台为空白状态，此时舞台右侧【属性】面板的状态如图3.16和图3.17所示。从这两张图中可以看出：舞台的属性包括当前页面的缩略图、作品名称、作品基础信息、分享信息、内容标题等部分。其中【分享信息】属性在第2章中已经介绍过，因此这里仅介绍【作品基础信息】属性中与舞台相关的设置及其操作。

图3.16　舞台属性的上半部分

图3.17　舞台属性的下半部分

3.2.1 操作任务——设置舞台的属性

本实例将介绍舞台基础属性的设置，内容包括设置舞台方向和尺寸，设置舞台背景色，为舞台添加背景图，设置背景音乐和声音图标等。

【任务目的】

掌握舞台属性的设置方法。

【操作步骤】

1. 设置舞台方向和尺寸

（1）设置舞台方向

这里所说的舞台方向实际上既包含了舞台的长宽比例，还包含舞台的大小。在属性面板中单击【作品尺寸】右侧的下拉按钮▼，弹出图3.18所示的下拉菜单，选择相应的选项，即可设置舞台方向。其中，"竖屏""横屏"选项主要针对智能手机屏幕，"PC"选项主要针对电脑屏幕，而"自定义"选项可根据实际需求设置舞台的长宽比例和大小。

图3.18 【作品尺寸】下拉菜单

（2）设置舞台尺寸

将鼠标指针移至"宽"设置框上并单击，可直接输入数值，或单击设置框上右侧的数值增减按钮 ，可按照当前长宽比改变舞台的尺寸。如果想单独更改舞台的"宽"或"高"，可单击右侧的锁定长宽比按钮 ，按钮图标变为 时，就可单独更改舞台的"宽"和"高"的值。

2. 设置舞台背景色

新建作品的舞台背景默认为白色。在属性面板中单击"填充色"后面的小方框，弹出调色板，如图3.19所示。可根据需要在调色板中点选和调整颜色，白色小方框会显示当前所选的颜色，颜色确定后在调色板以外的地方单击，即可将该色设置为舞台背景色。此外，在调色板中可以通过滑动图3.19中的小球来调节色彩的透明度。

3. 为舞台添加背景图

在属性面板中单击"背景图片"右边的图片添加按钮 ，弹出图片【素材库】对话框，从中选中合适的图片，单击【添加】按钮，即可将该图片设置为舞台背景图。

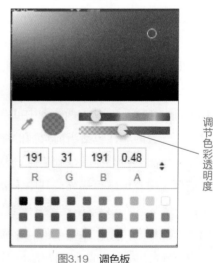

调节色彩透明度

图3.19 调色板

要注意的是，图片会根据舞台的大小自动缩放，因此当图片大小和舞台大小不一致时，图片被设置为舞台背景后会变形。如果想让设置的背景图不变形，可以先将图片大小改为与舞台大小相同，再上传至素材库中将其设置为舞台背景图。

要点提示 为舞台添加背景图后，图片添加按钮 ➕ 会变为添加图片的缩略图。此外，如果想将所添加的舞台背景图删除，可单击该缩略图右上角的小图标 🔳 。

4. 设置背景音乐和声音图标

单击"背景音乐"右边的【添加】按钮，弹出音频【素材库】对话框，如图3.20所示。从中选中合适的音乐，然后单击【添加】按钮，即可将该音乐设置为背景音乐。

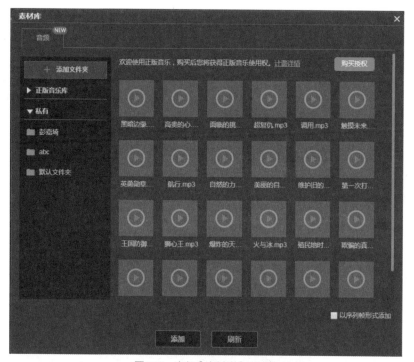

图3.20 音频【素材库】对话框

在属性面板中设置背景音乐，预览时默认的是自动播放，用户在观看作品时无法控制音乐播放状态——播放或静音。这里可采用添加行为（在后面的章节具体讲解）的方法，或如下方法来控制音乐播放状态。

① 导入音乐。在工具箱中单击导入声音按钮 ，在弹出的音频【素材库】对话框中选中合适的音乐，然后单击【添加】按钮，音乐被导入舞台，如图3.21所示。

图3.21中出现了音乐播放控制图标，图标 是系统默认的静音图标。预览作品时，音乐默认为静音状态，点击该图标可播放音乐，图标变为 ，点击该图标可将音乐暂停。

② 移动图标的位置。单击图标，用鼠标拖曳图标可移动其位置。

图3.21　将音乐导入舞台

③ 调整图标的尺寸。单击工具箱中的变形工具 ，可调整图标的尺寸。

④ 更换图标。选中图标（注意：必须先选中图标），使作品的当前编辑对象从舞台变为音频，此时属性面板的设置对象也变为当前选中的音乐。属性栏下的【声音图标】和【静音图标】从图3.22所示的状态变为图3.23所示的状态。

图3.22　属性面板中默认的声音图标　　图3.23　选中音乐后的图标状态

单击图3.23所示【声音图标】按钮右上角的小图标 ，可删除当前图标，此时【声音图标】变为图3.24所示的状态。单击添加按钮 ，弹出图片【素材库】对话框，如图3.25所示。单击对话框左侧菜单中的【声音和翻页】选项，找到合适的素材图片并单击选中 ，单击【添加】按钮即可替换图3.23所示的声音图标，新图标的效果如图3.26所示。采用同样的操作方法，可更换静音图标。

图3.24　删除当前图标　　　　图3.25　图片【素材库】对话框　　　　图3.26　图标被更换

3.2.2　课堂实训——新建作品练习

新建一个照片展示的H5作品，页面中应包含作品名称、照片、拍摄者姓名、拍摄地点。作品的基本结构如图3.27所示。

制作要求：为作品添加背景颜色，为作品添加音乐，且音乐播放或静音可以由观看者控制。音乐播放控制图标安排在作品的左下角位置。

图3.27　作品基本结构要求

3.3　H5 页面的基本设计与制作

H5页面设计主要涉及的内容有文字、图片、音乐、视频等。本章将通过文字、图形图像、音频和视频等内容属性的基本操作，介绍基本H5页面设计与制作的基本过程和方法。

3.3.1　页面的属性与操作

在Mugeda中平台，文字、图片、音乐、视频等，被称为舞台上的"物体"。其中，文字是H5页面中不可缺少的重要元素，掌握文字属性的操作，基本上就掌握了图片、音频和视频等内容属性的操作。所以，本节将重点介绍文字属性的操作与应用。

1. 文字输入

新建一个H5作品，为舞台添加背景图，在工具箱中单击文字工具T，在舞台上单击，弹出文字编辑框，如图3.28所示。

（1）输入文字

① 选中文字编辑框中的"Text"，如图3.29所示。

② 删除"Text"后输入文字，本例中所输入文字为"中秋节快乐"，如图3.30所示。

图3.28　文字编辑框

③ 文字输入完成后，在文字编辑框外的舞台任意位置单击，文字被完整地显示出来，如图3.31所示。

图3.29　选中"Text"

图3.30　输入文字

图3.31　显示文字

（2）文字输入中存在的问题及解决方法

① 问题及产生问题的原因。单击文字工具 T 后，在舞台上单击生成的文字编辑框的高度和宽度是系统默认的，创作者所输入文字的字体、字号也是系统默认的。所以，当输入的文字较多时，前面输入的文字会显示不出来。但在退出文字编辑框后，就可以看到输入的所有文字。

② 解决该问题有两种方法。第1种方法是改变文字编辑框的大小，即在文字编辑框被激活的状态下，在工具箱中单击变形工具 ⊞，然后单击文字编辑框将其选中，文字编辑框变为变形框，拖动变形框改变其大小；第2种方法是改变文字的字号，即选中文字编辑框，在【属性】面板的"专有属性"中通过"大小"设置框改变所输入文字的字号。

2. 属性设置

"物体"的各种状态信息可在【属性】面板中查看。以文字为例，单击选中文字"中秋节快乐"，【属性】面板的当前设置"物体"为"文字"，其各项属性如图3.32至图3.34所示。

图3.32 文字属性1

图3.33 文字属性2

图3.34 文字属性3

① 文字编辑框设置。更改文字属性中的"宽"和"高"的数值可改变文字编辑框的尺寸。选中文字编辑框，在属性面板的"基础属性"中将"宽"和"高"分别更改为"152"像素和"40"像素，显示出的效果如图3.35所示。

图3.35 文字编辑框尺寸更改后的效果

② 锁定边距设置。锁定边距设置是对用户端显示效果的设定，在【属性】面板中单击"锁定边距"选择框右侧的下拉按钮 ▼，弹出的下拉菜单提供9个选项，如图3.36所示。

其中，"左"和"上"两个属性值与锁定边距有直接的关系。同一设置，对于不同型号的手机而言，文字在手机屏幕中的显示位置会有很大差别。例如，如图3.37所示，将"上"的值设置为"150"像素，"锁定边距"设置为"上"，作品在不同型号手机屏幕中的显示效果如图3.38所示（注：手机屏幕为绿框区域，舞台为红色背景图区域）。

　　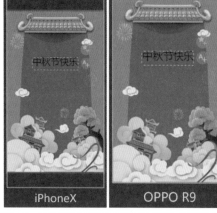

图3.36　"锁定边距"下拉菜单　　　　图3.37　属性设置　　　　图3.38　不同型号手机的屏幕显示效果（绿框区域）

从图3.38中可以看出：一旦将文字边界锁定，其总是保持在被锁定的舞台位置。本例中，文字被锁定在距离舞台上边界150像素的位置。

图3.39　文字显示方式菜单

③ 填充色与透明度设置。填充色设置的不仅是文字的颜色，还包括文字颜色的3种显示方式，即纯色、线性和放射。在属性面板中单击【填充色】右侧选择框的下拉按钮▼，弹出选择文字显示方式的菜单，如图3.39所示。透明度的作用是使文字色彩发生"深"或"浅"的变化。当透明度的值为100时，色彩最"深"；当透明度的值为0时，色彩最"浅"（即看不见文字）。单击【填充色】右侧的小方框，弹出调色板，如图3.40所示，可从中选择颜色和设置透明度。

图3.40　调色板

在实际应用中，可根据实际的效果需求对填充色和透明度进行组合设置，如表3.1所示。

表3.1   填充色与透明度的组合设置效果

色彩设置	喷壶状态	填充色设置	显示效果		
			透明度为100	透明度为50	透明度为0
■		纯色	今天天气真好	今天天气真好	
		线性	今天天真好	今天天真好	
		放射	今天天真好	今天天真好	

④ 边框色设置。"边框色"可为文字的底框设置颜色和边框宽度。在【属性】面板中"边框色"后面的设置框输入边框宽度，单击"边框色"右侧的小方块，在弹出调色板中设置颜色，具体设置方法与上述的填充色设置相同。文字边框的不同设置的显示效果对比，如表3.2所示。

表3.2   文字边框的不同设置的显示效果对比

原始文字	文字边框色彩	文字边框宽度	文字边框显示滑块位置及边框色彩变化	文字显示效果
生日快乐	■	1		生日快乐
		1		生日快乐
		1		生日快乐
		5		生日快乐
		5		生日快乐

⑤ 旋转属性设置。旋转设置包括沿顺时针方向旋转、沿X轴旋转、沿Y轴旋转这3种。在相应的旋转编辑框中输入旋转角度，完成旋转设置。这3种旋转效果对比如表3.3所示。

表3.3   旋转效果对比

旋转方式	原文字	旋转角度60°	旋转角度70°
旋转	梅花	梅花	梅花
X轴旋转	菊花	菊花	菊花
Y轴旋转	梨花	梨花	梨花

⑥ 透视度设置。透视度设置是与旋转属性配合使用的，一般用于制作帧动画透视效果。

3.3.2 操作任务——"图文配对"游戏

本例为利用【属性】面板中的"拖动/旋转""结束时复位""惯性系数"等属性，设计制作"图文配对"游戏。

扫码看视频

任务目的

掌握【属性】面板中的"拖动/旋转""结束时复位""惯性系数"等属性的操作与应用方法。

操作步骤

1. 素材准备

准备好猫、鱼、牛的图片（见配书素材第3章），如图3.41所示。

2. 导入素材

将图片分别导入素材库中，然后再分别导入舞台，如图3.42所示。

a.猫　　　　b.鱼　　　　c.牛

图3.41　素材图片

3. 输入文字

分别输入文字"我养了""一只""一条""一头"。

4. 调整

调整文字的大小和图片的尺寸，设置文字的颜色，拖曳文字和图片进行排版，结果如图3.43所示。

5. 属性设置

① "拖动/旋转"属性设置。单击文字"一只"将其选中，在【属性】

图3.42　将图片导入舞台

我养了

一只

一头

一条

只能移动文字

图3.43　排版

面板中单击"拖动/旋转"选择框右侧的下拉按钮 ▼ ，在弹出的下拉菜单中选择"自由拖动"选项，如图3.44所示。

② "结束时复位"属性设置。由于系统默认状态为"不复位"，所以此例中不需要重新设置。

③ "惯性系数"属性设置。惯性系数的作用是设置移动复位恢复的速度。由于本例中不存在复位问题，所以也不用对该属性进行设置。

图3.44　"拖动/旋转"属性设置

6. 保存并预览作品效果

其余文字（"一头"与"一条"）按相同操作方法进行设置即可。设置完成后预览作品效果并保存。

3.3.3　课堂实训——"填字"游戏

扫描右侧的二维码，观看示例作品"填字"游戏，然后将其制作出来。

制作要求：移动红色文字到表格的空格中，使表格每一行的4个字分别组成一个成语或一个词。

扫码看视频

要点提示　制作页面之前，先将制作好的填字表格图片导入素材库，再将需要填入的文字一个一个单独导入（输入）舞台。填字表格图片素材见配书素材第3章。

3.4　预置动画

很多H5作品都包括多个H5页面，每个H5页面中通常会包括多个元素。对生动、形象并且具有吸引力的页面来说，动画是不可缺少的。一方面，要根据需要来安排各元素进出页面的顺序和方式；另一方面，页面中的元素常常需要用动态的方式来表现，这就需要设计制作出动画效果。这对一般的创作人员来说是有难度的，而且需要花费大量的时间。利用Mugeda平台的预置动画功能，可以简单、快速地制作出具有动画效果的H5作品。本节以"护眼台灯"产品广告为例，具体讲解预置动画功能的用法。

3.4.1　操作任务——"护眼台灯"产品广告

本例是为某企业的一款护眼台灯设计制作产品广告宣传页面。页面素材包括企业标志、企业名称、产品图片、产品名称。广告页面的版式效果如图3.45所示。欲实现的动画效果：将页面素材用不同的动画形式，按企业标志、企业名称、产品图片、产品名称的顺序，以间隔两秒的速度依次进入页面，并且企业名称在产品名称进入页面后晃动5秒。

扫码看视频

图3.45　页面版式效果

任务目的

掌握预置动画功能的用法。

操作步骤

1. 准备素材

准备企业标志、企业名称、产品图片、产品名称素材，如图3.46所示。

企业标志　　　　　企业名称　　　　　产品图片　　　　　产品名称

图3.46　图片素材

2. 新建作品，导入并调整素材

① 新建一个H5作品，将准备好的素材上传到素材库，并导入舞台。

② 调整素材的位置和大小。选中素材，在工具箱中单击变形工具 ▦，调整素材的大小，并参照图3.45对素材进行排版，如图3.47所示。

3. 设置预置动画

① 选中素材。在舞台上单击素材将其选中，此时图片右下方会出现一个红色按钮和一个黄色按钮。红色按钮就是添加预置动画按钮 ●，如图3.48所示。

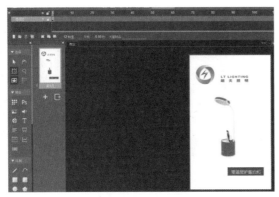

图3.47　素材导入并调整完成

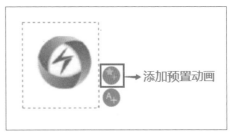

图3.48　添加预置动画按钮

② 添加预置动画。单击添加预置动画按钮●，弹出【添加预置动画】对话框，其中包括进入动画、强调动画和退出动画3类动画，如图3.49所示。将鼠标指针移至动画图标上，可预览选中素材的动画效果。在"进入"类中选择一个预置动画并单击，即可完成该素材进入页面的动画设置。再次选中该素材，单击添加预置动画按钮●，选中"强调"类的一个预置动画，即可完成该素材进入页面后的强调动画设置。按此方法还可设置元素从页面中退出的动画效果。

本例欲达到的效果只涉及"进入"类动画和"强调"类动画，动画设置完成后如图3.50所示。可见在添加预置动画按钮●旁新增了蓝色图标，这是已设置动画的图标。按照上述操作方法，依次为所有素材添加预置动画。

图3.49 【添加预置动画】对话框

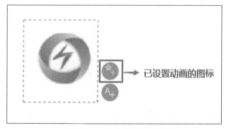

图3.50 添加预置动画

③ 设置动画时间和运动方向。选中已经设置好的动画元素，在【属性】面板的【预置动画】下方会显示该元素已设置的所有动画，其中"企业名称"的预置动画属性如图3.51所示。本例中包含两个动画细节，一是后面的元素要与前一元素间隔两秒进入页面，二是"企业名称"元素需在最后一个元素进入页面后晃动5秒。单击图3.51所示的按钮✎，弹出【动画选项】对话框，如图3.52所示。其对话框包含3个参数："时长"用来设置动画的运动时长，"延迟"用来设置动画延迟多长时间运动，"方向"用来设置动画的运动起

图3.51 已设置的预置动画

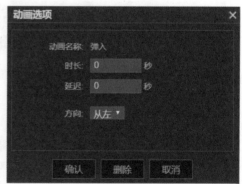

图3.52 【动画选项】对话框

始方向。参数设置好后单击【确认】按钮，如果需要删除该预置动画，则可以单击【删除】按钮，单击【取消】按钮可退出当前设置。

根据本例的任务要求，所涉及的各个元素的动画设置规划如表3.4所示。

表3.4 动画设置规划表

项目	企业标志	企业名称	产品图片	产品名称
素材		LT LIGHTING 朗天照明		零蓝星护眼台灯
动画时长	2	2	5	2	2
动画延迟（动画进入初始时间）	0	2	8	4	6
动画选项	进入	进入	强调	进入	进入
动画预置	缓入	浮入	晃动	放大进入	飞入

4. 预览

按照上述提示，将所有元素的动画全部设置完成后，在工具栏中单击预览按钮，可看到整个作品的播放效果。

3.4.2 课堂实训——"公益宣传"广告

为某公益组织设计制作一款"公益广告宣传"H5页面。页面元素包括广告语、广告图片、公益组织名称。页面设计制作的版面效果可参照"护眼台灯"产品广告。

效果要求：为每一个页面元素设置不同的预置动画，让元素按广告图片、广告语、公益组织名称的顺序，以间隔3秒的速度依次进入页面。公益组织名称要在广告语进入页面后晃动7秒。

3.5 元件

元件是作品中独立的活动单元，元件可以是图片、动画、音乐等。在创作H5作品的过程中，经常会遇到需要重复使用某一个或某几个素材的情况，为了避免重复制作，可将那些在作品中会重复用到的素材制作成元件，使用时直接调用即可。因此，学习制作元件可以大大提高H5作品的制作效率。

3.5.1 操作任务——制作壁纸

本例是利用圆和矩形两个元素，通过不规则组合来创作一款壁纸图案作品。由于制作壁纸图案的过程中，需要多次重复使用圆和矩形这两个元素，为了减少制作圆和矩形的时间，可以先将圆和矩形两个元素制作成元件，之后通过调用元件的方式来完成壁纸的制作，最终效果如图3.53所示。

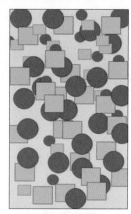

图3.53 壁纸

任务目的

掌握元件的创建、编辑、复制、导入、删除等操作方法。

操作步骤

1. 打开【元件】选项卡

在【属性】面板中单击【元件】选项卡，如图3.54所示。其底部提供了9个按钮：①新建元件、②复制元件、③新建文件夹（用于对元件进行分类管理）、④导出（将其他项目中的作品转换成元件）、⑤导入（将导出的元件，导入到本项目中）、⑥导出至元件库、⑦添加到绘画板、⑧编辑元件、⑨删除元件（删除项目中没有使用过的元件，可以节省项目存储空间）。

图3.54 【元件】界面

2. 新建元件与编辑元件

① 在H5编辑界面新建一个H5作品。

② 新建元件。在【属性】面板选择【元件】选项卡并单击新建元件按钮█，即可自动新建"元件"，此时舞台为元件状态，单击名称文本框将元件命名为"元件1"，如图3.55所示。

③ 制作元件。在元件状态下，单击工具箱中的椭圆工具，在舞台上绘制一个"圆"（按住【Shift】键可绘制圆），元件制作完成。在页面栏中单击页面缩略图，退出元件状态。在【属性】面板单击【元件】选项卡，显示出元件列表。单击"元件1"将其选中，其缩略图被显示

在元件列表上方的【元件库】中，如图3.56所示。

图3.55　新建元件并为元件命名

图3.56　制作元件"圆"

④ 将元件添加到舞台中。在舞台属性下，单击【属性】面板中的【元件】选项卡，在元件列表选中"元件1"，将鼠标指针移至其前端的按钮 上，按住鼠标左键将其拖曳至舞台，即可将该元件添加到舞台。将元件添加到舞台的另一种方法是选中元件后，单击添加到绘画板按钮 ，即可将元件添加到舞台。

⑤ 复制元件。如图3.57所示，选中"元件1"，单击复制元件按钮 即可复制元件。单击复制出的元件并将其名称改为"元件2"，如图3.58所示。

图3.57　复制元件

图3.58　为复制的元件命名

⑥ 修改"元件2"。在元件列表中选中"元件2"，将其拖曳到舞台，双击舞台上的元件图形，此时舞台为打开"元件2"的状态，按【Delete】键删除圆图形，然后绘制一个矩形，如图3.59所示，"元件2"的图形由圆形改成了矩形。

⑦ 编辑元件。将"元件1"拖曳到舞台，如图3.60所示，在【元件】选项卡中单击编辑元件按钮，选中舞台上的圆，在工具箱单击变形工具，调整圆的大小，通过【属性】面板的"填充色"选项修改圆的颜色。

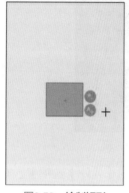

图3.59　绘制矩形

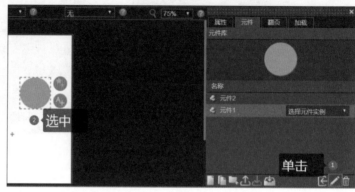

图3.60　编辑"元件1"

编辑完成后，在【属性】面板中单击【元件】选项卡，在"元件库"中会显示编辑后的"元件1"的缩略图，如图3.61所示。用同样的方式编辑"元件2"，结果如图3.62所示。

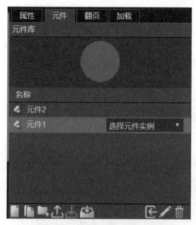

图3.61　编辑后的"元件1"

图3.62　编辑后的"元件2"

要点提示　如果元件中设置了动画等效果，那么修改了元件的图形形状后，动画等效果并不会被更改。

3. 利用元件制作壁纸素材

① 将"元件1"拖曳到舞台。

② 在舞台上单击"元件1"，将其选中。

③ 按【Ctrl+C】组合键进行复制，再按【Ctrl+V】组合键将其粘贴。

④ 在工具箱中单击变形工具，调整复制元件的大小。

⑤ 按照同样的方法对"元件2"进行操作，结果如图3.63所示。

4. 制作

重复进行复制、粘贴、位移、变形等操作，完成壁纸的制作。

5. 导出与导入元件

导出是指将一个作品中的元件导入到另一个作品中，使导出的元件变成另一个作品的元件。

（1）打开元件作品

在工作台页面单击【我的作品】按钮，选择一个有元件的作品，单击【编辑】按钮，将其打开，如图3.64所示。

（2）导出元件

在属性面板中单击【元件】选项卡，在元件列表中单击选中元件"花"，单击【元件】选项卡底部的导出按钮，如图3.65所示。

图3.64　导入元件作品

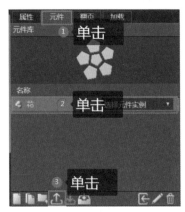

图3.65　导出元件"花"

（3）打开另一个作品

返回【我的作品】页面，在作品列表中选中另一个作品"作品1"，单击【编辑】按钮将其打开，如图3.66所示。

（4）打开"作品 1"的【元件】选项卡

在属性面板单击【元件】选项卡，打开"作品1"的元件列表。此时，列表中没有元件，如图3.67所示。

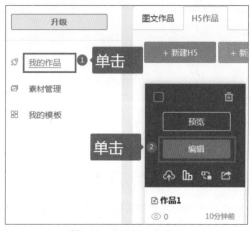

图3.66　打开另一个作品

图3.67　打开【元件】选项卡

（5）导入元件

在【元件】选项卡的底部单击导入按钮 ，可将前面导出的"花"元件导入"作品1"，如图3.68所示，在元件列表单击"花"元件，其缩略图在【元件库】中显示出来。

6. 管理元件

如果项目中有多个元件，可以对元件进行分类管理。方法是单击【元件】选项卡下方的新建文件夹按钮 ，新建文件夹并为其命名，然后将元件分别按类别拖入相应的文件夹即可。

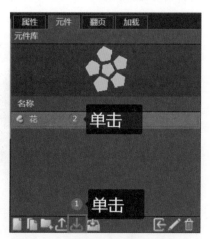

图3.68　将"花"元件导入"作品1"

3.5.2 课堂实训——制作产品介绍 H5 作品

选择一个自己喜欢且熟悉的产品，搜集相关资料（如产品图片、品牌标志、文字介绍等），制作一个用于产品介绍的H5作品。

制作要求：作品中必须使用元件，如利用元件制作页面装饰或广告语。

3.6 组与长页面

在实际应用中，经常会遇到不需要翻页即可连续浏览一篇内容较长的文章，或连续浏览多张图片的情况，这里涉及的就是长页面。

长页面是指超过显示屏幕纵向区域范围的页面，例如有5张图片，每张图片都可以单独在屏幕区域范围内完整地显示出来，但是无法同时将5张图片以同样的大小在一屏中完整地显示出来。这时，如果不想用翻页操作就能浏览这5张图片，就需要将这5张图片组合起来，使之变成长页面。本节将介绍长页面的制作方法。

3.6.1 操作任务——制作轮播图片效果

准备两张图片，如图3.69所示。设计制作一个H5作品，实现无需翻页即可浏览这两张图片的效果。

图3.69　准备两张图片

任务目的

掌握组和长页面的处理和制作方法。

操作步骤

1. 准备素材及新建作品

先将图片1和图片2处理成规格一致的图片。然后新建一个H5作品，将图片1和图片2导入舞台的同一图层上，如图3.70所示。

2. 生成长页面

选中其中的一张图片，用鼠标将其拖至另一张图片的底部，使两张图片变成首尾相连的长图，如图3.71所示。

图3.70 将两张图片导入舞台　　　　　　图3.71 将两图首尾相连

3. 组合处理

① 选中图片。在工具箱中单击选择工具，用框选的方式同时选中两张图片，如图3.72所示。

② 组合。单击鼠标右键，在弹出的菜单中执行【组】/【组合】命令，如图3.73所示。

图3.72 选中两张图片　　　　　　　图3.73 组合

4. 设置浏览方式

在【属性】面板中对组的属性进行设置，将"拖动/旋转"设置为"垂直拖动"，如图3.74所示。设置完成后，用户即可通过对"组"图进行垂直拖动来连续浏览两张图片。

（1）设置组类型

组类型设置指是为"组"图设置播放方式。单击"组"图将其选中，在【属性】面板中将

"组类型"设置为"裁剪内容",然后将"允许滚动"设置为"垂直滚动",如图3.75所示。

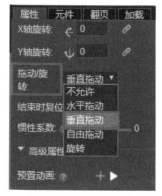

图3.74 设置浏览方式

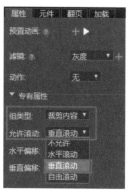

图3.75 设置"组类型"

（2）设置播放窗口

在工具箱中单击变形工具,拖动变形框,确定播放窗口（红框）的大小,如图3.76所示。拖动"组"图后,可发现组图播放窗口的尺寸发生了变化。

（3）预览播放效果

在菜单栏单击预览按钮,弹出【预览】对话框,如图3.77所示,播放窗口为所设置的大小,且播放窗口中出现滚动条,上下拖动滚动条可浏览两张图片。

图3.76 设置播放窗口

图3.77 预览效果

3.6.2 课堂实训——制作照片轮播效果

任选一个主题,围绕该主题拍摄一组照片,照片数量为3～5张。然后利用上述长页面制作方法,制作照片轮播效果H5作品并发布。

3.7 模板的使用

在实际应用中,学会使用模板有助于大大降低制作高质量H5作品的难度。模板是他人或自己制作出的样板,需要时可以直接调用,或根据实际需要进行修改和编辑,使其变成符合要求的作品。本节将讲解如何使用模板。

3.7.1　模板的类型与商业模板的购买

1. 模板的类型

Mugeda平台中的模板包括会员模板和非会员模板两大类。会员模板是会员可免费使用的模板，非会员模板属于商业模板，需要购买才能使用。

进入模板页面的操作：单击Mugeda导航栏中的【模板】按钮，进入模板页面，可以看到这里的模板包括会员模板、新媒体、广告宣传和教育4类，如图3.78所示。其中，新媒体、广告宣传和教育这3类模板都属于商业模板。

图3.78　进入模板页面

上述4类模板中的每类模板又细分有多个小类，如单击【会员模板】按钮，弹出会员模板页面，如图3.79所示。创作者可以根据需要选择相应类别的模板。

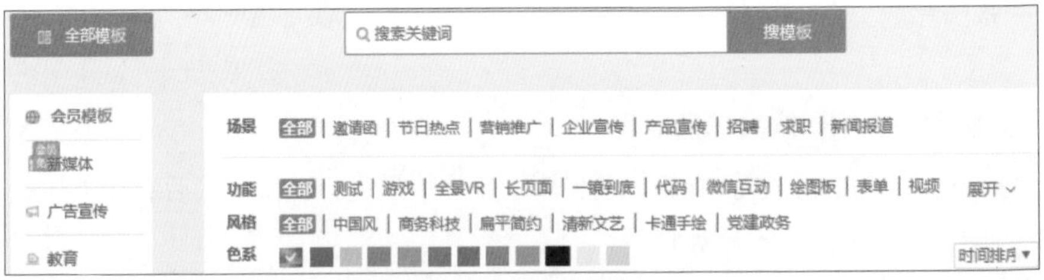

图3.79　会员模板页面

2. 商业模板的购买

商业模板的选用方法：在商业模板页面中单击选中需要使用的模板，弹出该模板的预览页面，如图3.80所示。用户扫描二维码可预览该模板，如需购买，单击模板预览页面中的【立即购买】按钮，页面会跳转至购买模板页面，如图3.81所示。

图3.80　商业模板预览页面

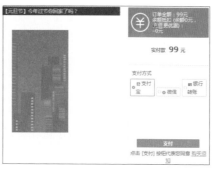

图3.81　模板购买页面

模板购买成功后该模板会自动导入购买者的模板列表中，打开该模板即可对其进行编辑，创作自己的作品。

3.7.2　操作任务——使用邀请函模板

在会员模板中，挑选一款符合创意要求的模板，并在此基础上进行加工，制作一个端午节粽子营销广告的H5作品，之后将制作出的作品转化为模板。

任务目的

掌握利用模板进行再创作和制作模板的方法。

操作步骤

1. 选择模板

在"会员模板"选项列表中选择"邀请函"，在弹出的模板列表中单击选中所需的模板，如图3.82所示。弹出模板预览页面，如图3.83所示。

图3.82　选择模板

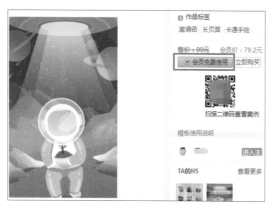

图3.83　邀请函模板预览页面

2. 确定使用方式

如果你认为所选中的模板可直接使用，用手机扫描二维码发布即可。如果需要对该模板进行编辑、再创作，可单击图3.83所示的【会员免费使用】按钮，该模板就会导入到用户的【我的模板】列表中。

3. 打开模板

在工作台页面单击【我的模板】按钮，进入【我的模板】页面，如图3.84所示，单击选中模板缩略图下方的使用按钮 ➕ 使用 ，弹出图3.85所示的对话框，单击【确定】按钮，即可在H5编辑界面中打开该模板。

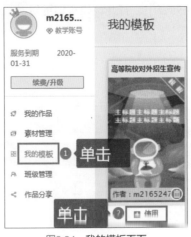

图3.84 我的模板页面

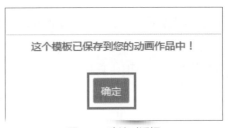

图3.85 确认对话框

4. 编辑模板

① 查看内容。查找需要使用的内容，然后在时间线上拖动指针，浏览动画的动作变换情况。

② 更换对象（如图片、文字等）。选中更换对象，并根据需要将影响更换对象选择的图层上锁。

③ 编辑更换对象。

5. 发布作品

作品创作完成后，在工具栏中单击的【查看发布地】按钮 查看发布地 ，作品被发布，并跳转到【发布动画】页面，如图3.86所示。如果创作者需要重新发布该作品，可单击【重新发布】按钮 重新发布 。

图3.86 作品发布页面

3.7.3 课堂实训——制作母亲节贺卡

利用模板,设计制作母亲节贺卡。

制作要求:贺卡需体现母亲节主题,包含献给母亲的感谢语或祝福语,作品完成后保存并将其转换为模板。

3.8 加载页的设置

加载页有默认方式、自创作方式和利用模板制作3种设置方式。

3.8.1 加载页的设置操作

1. 默认方式

① 新建一个H5作品,在【属性】面板中单击【加载】选项卡。

② 选择加载样式。在【加载】选项卡中单击"样式"设置框右侧的下拉按钮,在弹出的下拉菜单中选择样式。这里选择的是"进度环"选项,如图3.87所示。

③ 其他属性设置。除了加载样式,加载页的属性设置还包括提示文字、进度颜色、进度背景、背景颜色、前景图片等,如图3.88所示。在本例中,所输入的提示文字是"加载中"。

④ 预览效果。设置完成后,在菜单栏单击预览按钮,预览效果如图3.89所示。

2. 自创作方式

① 在作品首页制作加载页的显示内容,如制作一个动画。

② 然后,在【属性】面板中单击【加载】选项卡。在"样式"设置框中选择"首页作为加载界面"选项即可。

图3.87　选择加载样式

图3.88　加载页属性设置

图3.89　预览效果

3. 利用模板制作

① 在H5编辑界面的页面栏中，单击页面缩略图右下方的从模板添加按钮，如图3.90所示。

② 在弹出的【模板】对话框右侧单击【加载页】

图3.90　单击从模板添加按钮

图3.91　选择加载页模板

按钮，如图3.91所示。从列出的模板中选择一个模板，单击【插入】按钮，即可将其添加到作品中。

要点提示　加载页的设计要生动、有趣、简短，与浏览内容关系密切，要让用户感觉温馨。如果在加载页中使用动画效果，会给用户带来较好的"等待"体验。要注意的问题是加载页的设计不要太过复杂，否则占用较大的运行空间，影响加载速度，从而影响用户体验。此外，可以利用加载页来展示品牌或有趣的创意等。

3.8.2　课堂实训——设计加载页

请运用在本节学到的加载页设置方法，为本章3.4.1节的"护眼台灯"产品广告设计一个加载页。

第 4 章

行为、触发条件与交互

　　H5作品中，页面内"物体"与"物体"之间的交互，以及页面
与页面之间的跳转等主要是通过设置行为与触发条件来实现的。掌
握行为与触发条件的设置方法是创作高质量、高水平H5作品的基础。
本章将详细介绍行为与触发条件的设置方法和过程。本章主要内容
如图4.1所示。

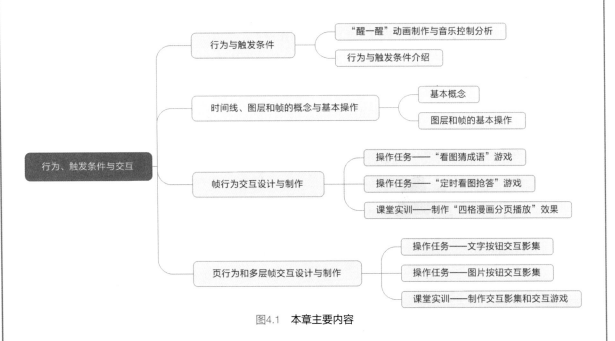

图4.1　本章主要内容

4.1　行为与触发条件

行为与触发条件是制作精美H5交互动画的核心技术，学习好这部分内容对创作交互H5作品非常重要。

4.1.1　"醒一醒"动画制作与音乐控制分析

介绍作品"醒一醒"的主要目的是使读者在学习行为与触发条件的设置方法之前，对行为与触发条件的作用有初步的认识和了解。

1. 作品介绍

作品"醒一醒"讲述的故事：一个小朋友在写作业的时候，趴在桌子上睡着了，一只小黑猫提醒小朋友别睡觉，醒一醒，做作业吧。

播放作品时，作品中的音乐处于静音状态，作品页面右上角中显示出播放音乐图标 ◀»。当用户需要播放音乐时，可点击该图标，作品中的音乐就会响起，同时页面右上角的图标变为静音图标 ◀；当用户想要停止播放音乐时，可点击静音图标，音乐停止播放，同时页面上右上角的图标又变为播放音乐图标 ◀»。

作品中，小黑猫叫醒小朋友的方式是用小爪子轻轻地"扒拉"小朋友。当用户将鼠标指针移至小黑猫身体上时，小黑猫"扒拉"小朋友的动作停止，当用户将鼠标指针从小黑猫身体上移开时，小黑猫又开始"扒拉"小朋友。图4.2所示的是作品播放页面，此时音乐为"静止播放"状态。扫描二维码可观看该作品。

图4.2　"醒一醒"

扫码看视频

要点提示　本作品适于在PC端播放和控制，在手机体验的用户，可采用"手指按下""手指抬起"等方式控制小黑猫的行为。

2. 作品的音乐播放控制解析

作品中对音乐播放的控制是通过行为与触发条件的设置实现的，不同的设置产生的效果不同。在作品"醒一醒"中，音乐播放控制设置的过程如下。

① 将音乐素材导入作品后，可以自定义音乐播放图标和静音图标，并在属性面板中将循环播放和自动播放两个属性设置成关闭状态。

② 单击舞台上音乐图标右下角的添加/编辑行为按钮，弹出【编辑行为】对话框。

③ 在【编辑行为】对话框中，单击【媒体播放控制】/【播放声音】选项，之后对行为和触发条件进行设置，设置的结果如图4.3所示。

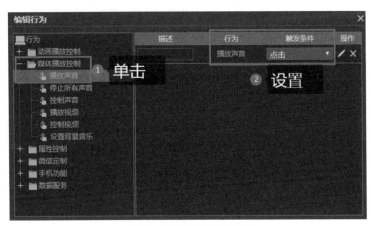

图4.3　音乐播放控制设置

要点提示　如果不对音乐图标进行行为设置，执行该作品后，作品将自动播放音乐。

3. 作品的动画控制解析

要控制作品中小黑猫的行为，就要对"小黑猫动画"进行行为设置。至于作品的具体创作方法和过程，读者可以在学习了第5章之后尝试自己动手制作。

4.1.2　行为与触发条件介绍

在对行为与触发条件有初步的认识和了解之后，本小节开始具体介绍行为与触发条件的相关知识。

1. 行为及其设置

（1）行为

行为是一些链接功能的集合。在Mugeda中，行为主要用于解决帧链接和页链接问题，以及物体和物体之间的关联问题（关联可以理解为控制与被控制），相当于帧的超链接、物体之间的超链接和页面之间的超链接，只是行为所具有的控制和链接功能比超链接强。在Mugeda中，行为是根据制作要求来设置的。

（2）设置行为

行为可以添加在任意元素上，创作者根据创作需求选择添加即可。例如，在一个页面上绘制一个矩形，也就是制作一个"物体"，选中"物体"，在"物体"的右下角会出现两个按钮，一个是添加预置动画按钮，另一个是添加/编辑行为按钮。单击添加/编辑行为按钮，在弹出编辑行为对话框中可以看到，行为设置包括动画播放控制、媒体播放控制、属性控制、微信定制、手机功能和数据服务等选项。单击这些选项，下方还会弹出具体的行为选项列表，分别如图4.4至图4.9所示。

图4.4　动画播放控制　　　图4.5　媒体播放控制

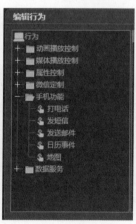
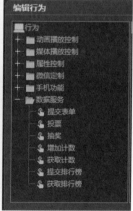

图4.6　属性控制　　　图4.7　微信定制　　　图4.8　手机功能　　　图4.9　数据服务

2. 触发条件及其设置

（1）触发条件

触发条件与行为相对应，触发条件是控制行为的方式。触发条件包括多种触发方式，如"点击""出现""摇一摇"等。

（2）设置触发条件

以"播放"行为的触发条件设置为例，如图4.10所示，单击【触发条件】下方设置框右侧的下拉按钮 ▼，会弹出的【触发条件】下拉列表，列表中有"点击""出现""鼠标移入""鼠标移出""手指按下""手指抬起"等多种触发条件选项。当作品中设置的行为较多时，可在【描述】下方的输入框中进行备注，以方便管理。

3. 操作

对"物体"（如本例中的矩形）进行行为和触发条件设置后，还可对行为进行进一步的控制设置。单击【操作】下方的编辑按钮 ✎，弹出【参数】对话框，可以设置"作用对象""执行条件"等，如图4.11所示。

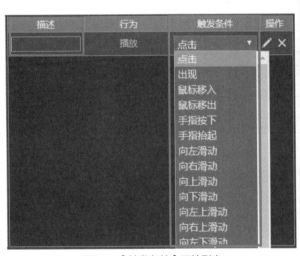

图4.10 【触发条件】下拉列表

图4.11 【参数】对话框

要点提示 通过选择【触发条件】组合不同的行为，可以形成很多种逻辑表达。行为不同，参数设置中所出现的参数项目也不同。

4. 删除行为

若要删除行为，只需单击设置项最右侧的删除按钮⊗，即可将该行的设置删除。

4.2　时间线、图层和帧的概念与基本操作

时间线、图层和帧是动画制作中必须掌握和运用好的重要内容，制作H5交互动画离不开时间线、图层和帧。本节将从时间线、图层和帧的概念开始介绍，并在此基础上介绍图层和帧的具体操作方法。

4.2.1　基本概念

1. 时间线

时间线是制作交互动画的核心工具。时间线是由一组垂直堆叠的轨道（图层）构成的，在这些轨道中可以分别排列动画、视频、音频和图片等。创作者可以利用时间线方便地对动画进行精细控制，以得到想要的效果。时间线的结构及其操作按钮如图4.12所示。

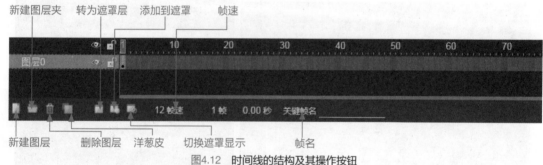

图4.12　时间线的结构及其操作按钮

2. 帧与帧速

简单地说，一帧就是一个静止的画面，动画或视频就是由连续的帧组成的。对于连续画面来说，单位时间内所含的帧数越多，则说明相邻画面之间的差异越小，所播放出的视频或动画画面就会越流畅，越逼真。帧速是用来表示单位时间内播放的画面的数量，通常用"帧/秒"来表示。

3. 图层

在数字图像处理及动画制作中，图层是非常重要的概念。图层就像一张透明纸，纸上载有

文本、图片、表格等视觉元素，将每个图层上的视觉元素进行精确的定位，并将图层按一定的顺序叠放在一起组成完整的画面，形成页面的最终效果。在图层中，上一层的视觉元素（如文字、图片）会遮住下一层的视觉元素，下一层视觉元素可以通过上一层没有内容的区域显示出来。此外，如果将上一图层隐藏起来，那么下面图层中被遮住的视觉元素就能够显示出来。

　　例如，图4.13所示的两张图，将其分别放于两个不同的图层上：左图置于底图层，右图置于上一层图层，且右图位于左图右下角位置。两图层叠加显示的效果如图4.14所示。

图4.13　将两张图片放于不同图层　　　　　　图4.14　图层叠加效果

4. 洋葱皮

　　制作Mugeda动画时，同一时间点只能显示动画序列中的一帧内容，但有时需要同时查看多个帧，这时就需要使用洋葱皮工具。激活洋葱皮前，舞台上编辑的动画的显示效果如图4.15所示；激活洋葱皮后，时间线上洋葱皮的帧显示区域的提示标识如图4.16所示；激活洋葱皮后，舞台上编辑的动画的显示效果如图4.17所示。

洋葱皮动画帧显示区域

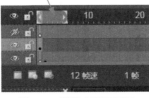

图4.15　单帧显示　　　　　图4.16　洋葱皮提示标识　　　　　图4.17　多帧同时显示

5. 遮罩

　　使用遮罩工具的前提条件是时间线上必须至少有两个图层，其中的一个图层被设置为"遮罩层"，另一个图层被设置为"被遮罩层"。在"遮罩层"中有"物体"的地方是"透明"的，可以看到"被遮罩层"中的"物体"，"遮罩层"中没有"物体"的地方就是不透明的，"被遮罩层"中相应位置的"物体"是看不见的。换句话说就是这两个图层中只有相重叠的地方才会被显示。

4.2.2 图层和帧的基本操作

1. 图层的基本操作

图层的操作包括新建图层、删除图层、新建图层夹、展开图层夹、删除图层夹、锁定图层、显示图层内容和隐藏图层内容，以及调整图层顺序等操作。图层的各种状态如图4.18所示。

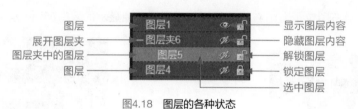

图4.18 图层的各种状态

（1）图层夹的状态

当图层夹前的符号为"+"时，图层夹处于待展开状态；当图层夹前的符号为"-"时，图层夹处于展开状态。

（2）删除图层夹

删除图层夹与删除图层的操作相同，但图层夹被删除后，图层夹中的图层被保留。

（3）图层展示

在图层比较多的情况下，需要展示所有图层，或减少图层显示数量时，可将鼠标指针移至时间线最下端与作品编辑区的分界线处。在分界线处将出现调整图层显示数量的符号 ↕ ，按住鼠标左键不放，上下移动鼠标可调整图层显示数量。

（4）调整图层的顺序

① 单击需要调整顺序的图层，图层变成蓝色表示被选中。

② 按住鼠标左键，将选中的图层拖曳至指定的图层位置即可。

2. 帧的基本操作

帧的操作都是在时间线上完成的。帧的基本操作如下。

（1）对帧进行操作的条件

对帧进行操作的条件是要选中帧所在的图层，并解锁该图层和显示该图层的内容。

（2）帧定位和选择帧操作

① 确定帧的位置。将鼠标指针移至指定帧的位置，并单击。

② 选择连续的多帧。将鼠标指针移至时间线的某一帧位置并单击，按住鼠标左键拖曳至

另一帧的位置，松开鼠标左键。

（3）帧行为操作

在选中的帧上单击鼠标右键，弹出下拉菜单，如图4.19所示。创作者可根据需求在该菜单中执行相应的帧操作命令。例如，插入帧操作，当第1层时间线上的第1到第20帧之间已经存在帧，现在需要在该时间线上添加5帧，则可以将鼠标指针移至时间线第25帧的位置，单击鼠标选中该帧，然后单击鼠标右键，在弹出的下拉菜单中执行【插入帧】命令即可。

图4.19 帧操作下拉菜单

4.3 帧行为交互设计与制作

本节将通过具体案例来介绍帧行为的设置方法。

4.3.1 操作任务——"看图猜成语"游戏

"看图猜成语"H5作品的创作要求：在一个页面中，利用帧行为进行制作；用户通过按钮操作，可切换浏览谜题图和答案。扫描二维码可观看案例演示效果。

扫码看视频

任务目的

掌握利用帧行为设置进行交互设计的方法。

操作步骤

1. 规划设计

如图4.20所示，页面中有两个按钮，单击左边的按钮，显示谜题图；单击右边的按钮，显示答案。

图4.20 页面显示结构

2. 准备素材

由于该游戏答案可在舞台上输入，按钮可选用公用模板，所以只需要准备好谜题图即可，如图4.21所示。

3. 制作显示内容

（1）新建 H5 作品

新建一个作品，将舞台设置为竖版。

图4.21 成语"平分秋色"的谜题图

（2）制作第 1 帧的内容（导入谜题图）

将鼠标指针移至时间线第0层第1帧的位置，将谜题图导入舞台，调整图片的大小和位置。为了使显示效果更好，可设置背景颜色。

（3）制作第 2 帧的内容（编辑答案）

将鼠标指针移至时间线第0层第2帧的位置，插入一个关键帧，然后在舞台上输入谜题答案，设置文字的字号、位置和颜色等。

（4）导入按钮

① 新建图层1。

② 导入按钮。将鼠标指针移至图层1第1帧的位置，然后在公用模板中，单击"微信"选项，将其中的两个按钮导入图层1第1帧的位置。

③ 在工具箱中单击变形工具，在舞台上调整按钮的大小和位置。

④ 插入帧。将鼠标指针移至图层1第2帧的位置，单击鼠标右键，在弹出的菜单中执行【插入帧】命令，使图层1的第1帧和第2帧都能显示按钮。

第1帧的显示结果如图4.22中的左图所示，第2帧的显示结果如图4.22中的右图所示。

4. 设置行为

（1）选中帧

选中图层1，将鼠标指针移至图层1的第1帧上，并单击。

（2）设置左边按钮的行为

① 在舞台上选中左边的按钮，单击添加/编辑行为按钮，在

图4.22　前两帧页面制作结果

弹出的【编辑行为】对话框中为左边的按钮设置行为，如图4.23所示。

② 设置参数。单击图4.23所示的【操作】下面的编辑按钮，弹出【参数】对话框，并在"帧号"文本框中输入"1"，单击【确认】按钮，如图4.24所示。

（3）设置右边按钮的行为

用相同的方法，设置右边按钮的行为，在【参数】对话框的"帧号"文本框中输入"2"，单击【确认】按钮。

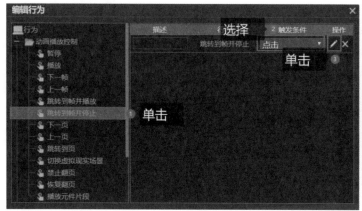

图4.23 左边按钮的行为设置

图4.24 左边按钮的参数设置

要点提示 为了使作品在播放后能够停留在第1帧上显示谜题图，则需要选中第1帧，在舞台之外添加一个物体，并对物体进行行为设置：将行为设置为"暂停"，将触发条件设置为"出现"。

5. 预览、保存和发布作品

按照上述提示制作完成后，可在H5编辑界面上方的工具栏单击预览按钮 📺 预览作品，无问题后可保存并发布。

4.3.2 操作任务——"定时看图抢答"游戏

扫码看视频

"定时看图抢答"游戏的制作要求：设置抢答时限，并设置超时提示；准备好谜题图和答案；用9个覆盖块将谜题图全覆盖并进行编号。用户抢答的操作方式：按覆盖块的编号顺序点击覆盖块，以逐步露出谜题图，当用户可以确认答案后，可直接点击答案按钮，然后屏幕显示出抢答结果。

任务目的

掌握利用帧行为设置进行交互设计的方法。

操作步骤

1. 规划设计

图4.25 所示的是谜题页面布局，图4.26所示的是谜题覆盖块的布局。

图4.25　谜题页面布局

覆盖块1	覆盖块2	覆盖块3
覆盖块4	覆盖块5	覆盖块6
覆盖块7	覆盖块8	覆盖块9

图4.26　谜题覆盖块的布局

2. 准备素材

本例中，谜底可在舞台上制作，所以只需准备好谜题图和覆盖块即可，谜题图和覆盖块如图4.27和图4.28所示。

3. 帧页面制作

（1）第 0 层第 1 帧页面的制作

① 导入谜题图，如图4.29所示。

② 导入覆盖谜题的第一个覆盖块，如图4.30所示。

③ 按顺序导入所有覆盖谜题的覆盖块如图4.31所示。

图4.27　谜题图　　图4.28　编号为1的覆盖块

图4.29　导入谜题图　　图4.30　导入第1块覆盖块　　图4.31　导入所有覆盖块

（2）第 0 层第 2 帧至第 10 帧页面的制作

第0层第2帧至第10帧页面制作的结果如图4.32至图4.40所示。

图4.32　第2帧

图4.33　第3帧

图4.34　第4帧

图4.35　第5帧

图4.36　第6帧

图4.37　第7帧

图4.38　第8帧

图4.39　第9帧

图4.40　第10帧

（3）第1层各帧页面的制作

① 第1层第1帧和第2帧页面制作的结果如图4.41和图4.42所示。复制第2帧，使该层第3帧到第10帧页面显示的画面与该层第2帧所显示的画面相同。其中，第1帧页面右下角显示的是"定时器"图标，第2帧页面下方显示的"梅西"和"贝利"是答案选择按钮。

导入定时器的操作：选中第1层的第1帧，单击工具箱中的定时器工具 ⏱，鼠标指针变成"+"，在舞台上的任意位置单击鼠标，可将定时器导入舞台。然后，根据创作要求移动定时器图标的位置，调整定时器图标的大小，并在【属性】面板中设置定时器的时长及其他属性，设置完成后如图4.41所示。

图4.41　第1层第1帧

图4.42　第1层第2帧

② 第1层第11、12、13帧内容的制作结果分别如图4.43、图4.44和图4.45所示。

图4.43 第11帧内容

图4.44 第12帧内容

图4.45 第13帧内容

4. 帧的设置

作品第0层和第1层的帧的设置结果如图4.46所示。其中，除第1层第3帧到第10帧外，其余所有帧均设置为"关键帧"。

图4.46 图层帧的设置情况

要点提示 要在某一帧的位置插入关键帧，必须在插入关键帧之前先插入帧。无论是插入帧还是插入关键帧，必须先选中需要插入帧的图层。

5. 定时器的行为控制与制作

（1）设置定时器的属性

单击舞台上定时器图标◎旁边的数字【30】，将属性面板中的属性切换成"定时器"，然后设置定时器属性，设置结果如图4.47所示。

（2）设置定时器的行为

① 单击舞台上定时器图标◎旁边的数字【30】，再单击【添

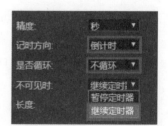

图4.47 定时器属性设置

加/编辑行为】按钮，弹出【编辑行为】对话框。

② 在【动画播放控制】下拉菜单中单击【跳转到帧并播放】选项，在【触发条件】下拉菜单中单击【定时器时间到】选项，如图4.48所示。

③ 单击图4.48所示的"操作"下方的编辑按钮▟，在弹出的【参数】对话框中的"帧号"文本框中输入"13"，单击【确认】按钮，如图4.49所示。

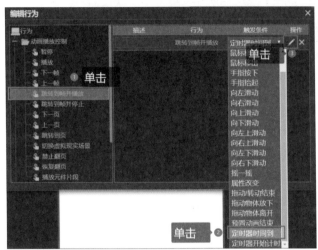
图4.48 定时器行为设置

图4.49 定时器参数设置

6.设置覆盖快的行为

（1）设置编号为 1 的覆盖块的行为

① 先为编号为1的覆盖块添加第1个行为，将行为设置为"暂停"，触发条件设置为"出现"，使显示页面停止在第1帧的位置。

② 然后，为编号为1的覆盖块添加第2个行为，将行为设置为"暂停"，将触发条件设置为"点击"，并单击编辑按钮，在弹出的【参数】对话框中的"帧号"文本框框内输入"2"，使页面从当前帧跳转到第2帧，播放并停留在第2帧的画面。或将行为设置为"下一帧"，将触发条件设置为"点击"，此时无需进行参数设置。

编号为1的覆盖块的行为与触发条件设置的结果如图4.50所示。

（2）设置编号为 2 至编号为 9 的覆盖块的行为

对编号2至编号为9的覆盖块来说，仅需进行如下行为设置，即将行为设置为"下一帧"，将触发条件设置为"点击"。其效果是使页面从当前帧跳转到下一帧，播放并停留在跳转到的帧的画面。

图4.50 对编号为1的覆盖块的行为与触发条件的设置

7. 设置答案选择按钮的行为

① 选中"梅西"按钮，单击【添加/编辑行为】按钮，在弹出的【编辑行为】对话框中将行为设置为"暂停"，将触发条件设置为"点击"。单击【编辑】按钮，在弹出的【参数】对话框中的"帧号"框内输入"11"。

② 选中"贝利"按钮，单击【添加/编辑行为】按钮，在弹出的【编辑行为】对话框中将行为设置为"暂停"，将触发条件设置为"点击"。单击【编辑】按钮，在弹出的【参数】对话框中的"帧号"框内输入"12"。

4.3.3 课堂实训——制作"四格漫画分页播放"效果

利用帧行为控制方式，将一幅四格漫画制作成分页播放的效果。

制作要求：页面显示顺序为封面、第1格漫画、第2格漫画、第3格漫画、第4格漫画、封底；浏览方式为单击每一个画面后页面将转入下一个画面。

4.4 页行为和多层帧交互设计与制作

页行为用于解决页与页之间的关联关系，页行为设置类似于PPT中的超链接设置，有很强的实用性。而多层帧交互设计涉及多个图层，相对复杂些。

4.4.1 操作任务——文字按钮交互影集

现有4张在昆明和重庆两地拍摄的照片，其中昆明老街的照片两张，重庆市

扫码看视频

井的照片两张（仅仅用于教学演示，每组两张照片即可说明问题），要求利用页行为设置实现如下的页面浏览效果。

用户在影集封面选择"昆明老街"时，能够浏览到第1张昆明老街的照片，并能够继续浏览昆明老街的第2张照片；用户在影集封面选择"重庆市井"时，能够浏览到第1张重庆市井的照片，并能够继续浏览重庆市井的第2张照片。用户浏览一张照片后，既可以选择返回封面页，也可以选择继续浏览下一张照片，还可以选择重新浏览上一张照片。

任务目的

掌握利用页行为设置进行交互设计的方法。

操作步骤

1. 规划设计

将4张照片按地点分成两组，每组用两个页面展示，使用户可通过对按钮的操作来分别浏览两组照片。

封面的页面结构如图4.51所示，照片显示页的页面结构如图4.52所示。

制作规划如表4.1所示。

图4.51 封面的页面结构

图4.52 照片显示页的页面结构

表4.1 制作规划

页号	内容	页行为设置要求
1	在影集封面上制作【昆明老街】按钮和【重庆市井】按钮	单击【昆明老街】按钮，页面跳转到第2页 单击【重庆市井】按钮，页面跳转到第4页
2	在昆明老街照片1上制作【退回】按钮	单击【退回】按钮，页面跳转到第1页
3	在昆明老街照片2上制作【退回】按钮和【上一页】按钮	单击【退回】按钮，页面跳转到第1页 单击【上一页】按钮，页面跳转到上一页
4	在重庆市井照片1上制作【退回】按钮	单击【退回】按钮，页面跳转到第1页
5	在重庆市井照片2上制作【退回】按钮和【上一页】按钮	单击【退回】按钮，页面跳转到第1页 单击【上一页】按钮，页面跳转到上一页
说明	页与页之间，Mugeda自动提供"下一页"翻页功能，创作者可在【属性】面板中设置翻页方式	

2. 准备素材

昆明老街照片素材和重庆市井照片素材如图4.53至图4.56所示。

图4.53 昆明老街照片1   图4.54 昆明老街照片2

图4.55 重庆市井照片1   图4.56 重庆市井照片2

3. 页面制作

（1）制作封面

封面的制作包括设置页面背景色，输入文字（输入"影集""昆明""重庆"），调整文字的位置、字号、字体、颜色等。创作者可根据自己的想法进行设计。

（2）制作照片显示页

① 新建一页，导入照片，调整照片的位置和大小。

② 设置页面背景色，输入文字，调整文字的位置、字号、字体等。本例制作的昆明老街照片2的页面效果如图4.57所示。

4. 页行为设置

页行为设置方法与帧行为设置方法相同，在此不重复介绍。

图4.57 昆明老街照片2的页面效果

具体设置如表4.2所示。

表4.2　页行为设置

页号	页行为设置				页行为设置			
	按钮	行为	触发条件	参数	按钮	行为	触发条件	参数
1	昆明老街	下一页	点击		重庆市井	跳转到页	点击	4
2					返回	上一页	点击	
3	上一页	上一页	点击		返回	跳转到页	点击	1
4					返回	跳转到页	点击	1
5	上一页	上一页	点击		返回	跳转到页	点击	1

5. 预览、保存和发布作品

按照上述提示制作完成后，可在H5编辑界面上方的工具栏单击预览按钮 预览作品，无问题后可保存并发布。

要点提示　当行为设置为页行为后，在【参数】对话框中将提供"翻页方式""翻页方向""翻页时间"等设置项，如图4.58所示。其中，"翻页方式"包含图4.59所示的多种方式可供选择，"翻页方向"包含图4.60所示的3种方式可供选择。

图4.58　【参数】对话框

图4.59　翻页方式

图4.60　翻页方向

4.4.2 操作任务——图片按钮交互影集

扫码看视频

现有3张图片，要求通过帧行为设置的方式实现：单击页面下方的任意一个缩略图按钮，即可显示出与按钮相对应的照片展示页面。

分别单击作品页面下方的左、中、右这3个缩略图按钮，会分别显示图4.61、图4.62和图4.63所示的页面。

图4.61　图片1显示页　　　　图4.62　图片2显示页　　　　图4.63　图片3显示页

任务目的

通过本任务的操作，加深对帧行为设置的认识和理解，熟练掌握利用帧行为进行交互设计的方法。

操作步骤

1. 图层分配和帧内容分配

准备好素材，在动手制作前先确定本任务的图层分配和帧内容制作的基本思路：

① 图层0为封面（首页）制作层，用第1帧页面制作封面；

② 图层1为按钮制作层，用第1帧页面来制作按钮，并将第1帧复制到该层第2帧到第4帧上，以便操作；

③ 图层2为图片展示页层，第2帧是图片1展示页，第3帧是图片2展示页，第4帧是图片3展示页。

2. 制作封面文字

新建一个H5作品，选中图层0的第1帧，在工具箱中单击文字工具，在舞台上输入文字"图片欣赏"，调整文字的大小、位置、字体和颜色。

3. 制作按钮

单击新建图层按钮▉，新建图层1和图层2。选中图层1的第1帧，然后在舞台上导入3张图片的缩略图作为按钮。

4. 制作图片显示页

① 选中图层2，将时间线指针定位在第2帧，单击鼠标右键，在弹出的下拉菜单中执行【插入关键帧】命令，然后导入"图片1"。

② 选中图层2，将时间线指针定位在第3帧，单击鼠标右键，在弹出的下拉菜单中执行【插入关键帧】命令，然后导入"图片2"。

③ 选中图层2，将时间线指针定位在第4帧，单击鼠标右键，在弹出的下拉菜单中执行【插入关键帧】命令，然后导入"图片3"。

5. 行为设置

① 选中图层0的第1帧，为文字"图片欣赏"设置行为。选中文字"图片欣赏"，单击【添加/编辑行为】按钮，在弹出的【编辑行为】对话框中单击【动画播放控制】，在弹出的下拉菜单中选择暂停选项，然后再在该选项的【触发条件】下拉菜单中选择出现选项。

② 选择图层1，为3个缩略图按钮设置行为。分别选中页面下方左、中、右3张缩略图，单击【添加/编辑行为】按钮，在弹出的【编辑行为】对话框中单击【动画播放控制】，在弹出的下拉菜单中选择"跳转到帧并停止"选项，然后再在该选项的【触发条件】下拉菜单中选择"点击"选项。

③ 单击【编辑】按钮，在【参数】对话框中分别将左、中、右这3张缩略图的行为参数"帧号"设置为"2""3""4"。

6. 预览、保存和发布作品

按照上述提示制作完成后，可在H5编辑界面上方的工具栏单击预览按钮▉预览作品，无问题后可保存并发布。

4.4.3　课堂实训——制作交互影集和交互游戏

【实训1】利用页行为控制的方式（可参考本章4.4.1节的案例），从性格、爱好、我的影像

3个方面进行设计，制作一个交互影集作品。

　　制作要求：为此作品设计封面，每个方面不少于两个页面的内容。

　　【实训2】 根据下面的描述，制作种花生小游戏。

① 页面中有一个箱子，出现提示"点击获取种子"。

② 点击箱子，箱子打开，蹦出一粒花生种子，然后出现提示"点击种子播种"。

③ 点击种子，跳转到下一个页面，场景是一块土地，花生种子跳入土地。

④ 花生种子进入土地后，在种子旁出现一把水壶，出现提示"点击浇水"。

⑤ 点击水壶，在种下花生种子的土地上方出现水壶浇水的画面，浇水结束后，水壶消失。

⑥ 种下种子的位置长出小芽。

第 5 章

帧动画设计与应用

　　虽然设置预置动画的操作比较简单，但是灵活性不强，在实际创作中无法满足更细致、更复杂的制作需求。利用帧动画技术则可以满足更多类型的制作需求，制作出更加丰富多样的动画效果。本章的主要内容如图5.1所示。

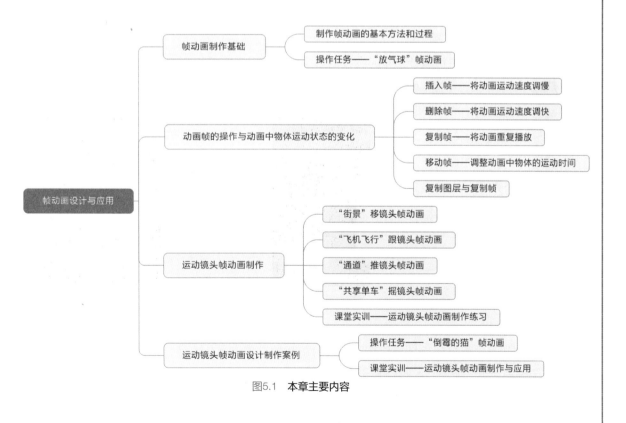

图5.1　本章主要内容

5.1　帧动画制作基础

帧动画技术很常用，后面介绍的各类动画基本上都与帧动画技术有关。因此，掌握帧动画制作技术非常重要。

5.1.1　制作帧动画的基本方法和过程

本例是利用帧动画技术实现"矩形从页面下方移动到页面上方"的效果，矩形的移动设置是从第1帧开始到第30帧结束。具体制作步骤如下。

扫码看视频

1. 新建作品并绘制一个矩形

新建一个H5作品，在舞台上绘制一个矩形，并确定矩形的起始位置，如图5.2所示。

2. 在时间线上确定起始帧的位置

选中图层0，将鼠标指针移至时间线的第1帧（矩形运动的起始帧）上，单击鼠标右键，在弹出的菜单中执行【插入关键帧】命令，如图5.3所示。

3. 在时间线上插入帧

选中图层0，将鼠标指针移至时间线的第30帧（矩形运动的终止帧）上，单击鼠标右键，在弹出的菜单中执行【插入帧】命令，如图5.4所示。

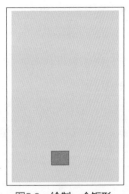

图5.2　绘制一个矩形

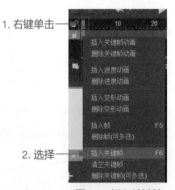

图5.3　插入关键帧

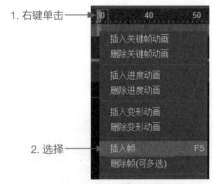

图5.4　插入帧

4. 插入动作

在图层0上，将鼠标指针定位在时间线的第30帧，单击鼠标右键，在弹出的菜单中执行【插入关键帧动画】命令，如图5.5所示。

5. 将矩形移至动画结束位置

在舞台上选中矩形，将矩形拖曳到动画结束的位置，如图5.6所示。

6. 预览、保存和发布作品

预览动画效果，然后保存并发布作品。

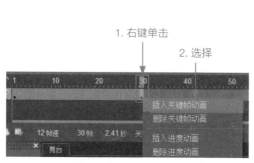

图5.5　插入关键帧动画　　　　　　　图5.6　移动矩形至动画结束位置

5.1.2　操作任务——"放气球"帧动画

导入一张图片作为作品的背景图，绘制一个气球，将气球放置在背景图片中男士的手的位置，并以此作为气球运动的起点。气球从男士手中飞向天空，当气球完全飞出页面后，页面中缓缓出现"放飞自我"4个字。作品的初始画面如图5.7所示，结束画面如图5.8所示。

图5.7　起始画面　　　　　　　　　图5.8　结束画面

通过完成此任务，掌握帧动画的制作方法。

1. 准备素材

准备一张背景图片，如图5.9所示。

2. 动画制作准备

① 新建一个H5作品，导入背景图片，并将其设置为舞台背景，结果如图5.10所示。

② 新建图层。单击新建图层按钮，新建图层1，如图5.11所示。

图5.9　背景图片　　　　　　　图5.10　设置舞台背景　　　　　　　图5.11　新建图层

③ 绘制气球。选中图层1的第1帧，在舞台上绘制气球及气球拴线，并为气球填充颜色，如图5.12所示。

图5.12　绘制气球及气球拴线

3. 帧动画制作

选中图层1的第1帧，在舞台上将绘制好的气球移至运动起始位置（男士的手的位置）；选中图层1的第30帧，将气球移至运动的终止位置（页面外），如图5.13所示。动画制作的具体步骤可参照5.1.1节帧动画的制作步骤。

图5.13　气球在第30帧的位置

要点提示　帧动画中，在物体位移距离相同的情况下，起始帧与结束帧之间的帧数越少，物体的运动速度越快。创作时，可以根据实际需要来设定。

---

4. 文字制作

选中图层0，在时间线上选中第30帧，单击鼠标右键，在弹出的菜单中执行【插入关键帧】命令。选中插入的关键帧，在舞台上输入文字"放飞自我"，并调整文字的字号、字体、颜色和位置。最后，为文字设置进入预置动画。

5.2　动画帧的操作与动画中物体运动状态的变化

插入、删除和复制动画帧对动画中物体的运动状态有很大的影响，是帧动画创作中常使用的操作。

现有一个已经制作完成的"飞机飞行"动画，飞机飞行的起始位置如图5.14所示，终止位置如图5.15所示，飞机完成飞行所用时间及所用帧数如图5.16所示。

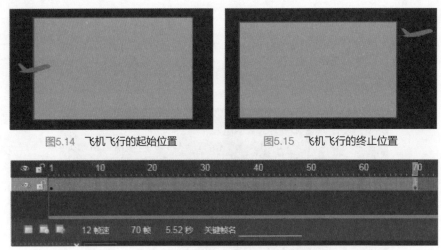

图5.14　飞机飞行的起始位置　　　　图5.15　飞机飞行的终止位置

图5.16　飞机飞行所用帧数为70帧，飞行时间为5.52秒

5.2.1　插入帧——将动画运动速度调慢

如果需要将动画中物体运动的速度调慢，可以通过插入帧操作实现，即在物体运动的起始帧与终止帧之间选中一定数量的帧，然后将其插入到物体运动的起始帧与终止帧之间即可。具体操作方法和过程如下。

1. 在动画帧范围内选中帧

选中物体所在的图层，在物体运动的起始帧与终止帧之间的任意位置，按住鼠标左键向左或向右移动选中帧，当选中的帧数达到所需数量时，松开鼠标左键，被选中的帧的颜色从绿色变成黄绿色，本例选中了20帧，如图5.17所示。

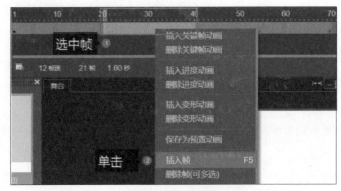

图5.17　插入帧操作

2. 插入帧

如图5.17所示，在选中的帧上单击鼠标右键，在弹出的菜单中执行【插入帧】命令，即可插入选中的20帧。

此时，飞机飞行所用帧的数量变成90帧，飞行时间变成7.41秒，如图5.18所示。由于飞机飞行的距离没有变化，但飞行帧数增加了20帧，即飞行时间变长，所以飞机飞行的速度变慢。

图5.18　插入帧后

5.2.2　删除帧——将动画运动速度调快

如果需要将动画中物体的运动速度调快，可以通过删除帧操作实现，即在物体运动的起始帧与终止帧之间选中一定数量的帧，然后将其删除即可。具体操作方法和过程如下。

1. 在动画帧范围内选中帧

选中物体所在的图层，在物体运动的起始帧与终止帧之间的任意位置，按住鼠标左键向左或向右移动选中帧，当选中的帧数达到所需数量时，松开鼠标左键，被选中的帧的颜色从绿色变成黄绿色，本例选中了70帧，如图5.19 所示。

2. 删除帧

如图5.19所示，在选中的帧上单击鼠标右键，在弹出的菜单中执行【删除帧（可多选）】命令，即可删除选中的70帧。

图5.19　删除帧操作

此时，飞机飞行所用帧的数量变成20帧，飞行时间变成1.52秒，如图5.20所示。由于飞机飞行的距离没有变化，但飞行帧数减少了70帧，即飞行时间变短，所以飞机飞行的速度变快。

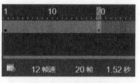

图5.20　删除帧后

5.2.3　复制帧——将动画重复播放

帧动画制作完成后，在舞台上单击（进入舞台属性设置状态），在【属性】面板中单击【动画循环】设置框右侧的下拉按钮▼，弹出"关闭"和"打开"两个选项，如图5.21所示。执行【关闭】命令，预览动画时可见动画仅播放一次；执行【打开】命令，预览动画时可见动画无限次重复播放。

在实际应用中，有时会需要动画重复播放有限的次数，这时可以利用复制、粘贴动画帧的操作，将动画重复播放。具体操作方法和过程如下。

图5.21　【动画循环】设置

1. 全选动画帧

在时间线上选中动画的所有帧，如图5.22所示。

2. 复制帧

在选中的帧上单击鼠标右键，在弹出的菜单中执行【复制帧】命令。

3. 确定动画重复播放的起始位置

在时间线上，将鼠标指针移至动画重复播放起始位置的帧上，单击鼠标将其选中，如图5.23所示。

4. 粘贴帧

在选中的起始帧上单击鼠标右键，在弹出的菜单中执行【粘贴帧】命令，即可将复制的帧粘贴到对应位置，如图5.24所示。

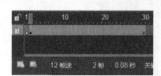

图5.22　全选动画帧

图5.23　确定起始位置

图5.24　复制结果

5.2.4　移动帧——调整动画中物体的运动时间

1. "飞机飞行"动画分析

本例是一个具有两个图层的帧动画作品，其中图层0是客机飞行动画图层，图层1是战斗机飞行动画图层。

　　战斗机和客机飞行的起始位置及动画起始帧的位置，如图5.25所示。

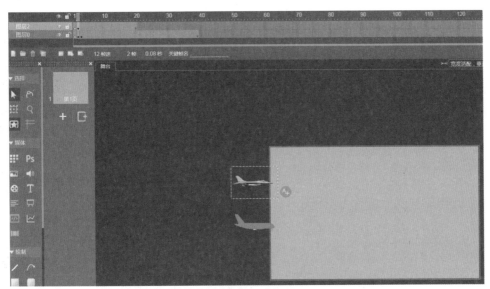

图5.25　战斗机和客机飞行动画的起始位置

　　在第20帧的位置，战斗机飞出舞台，战斗机飞行动画终止，而此时客机还在舞台上继续飞行，此时战斗机和客机在页面编辑区的位置如图5.26所示。

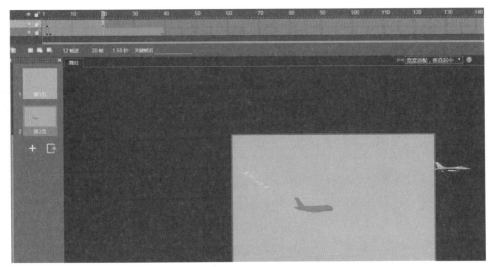

图5.26　战斗机飞行动画终止时两架飞机所在的位置

客机飞行动画终止于第39帧的位置。战斗机在第21帧至第39帧之间不存在，如图5.27所示。

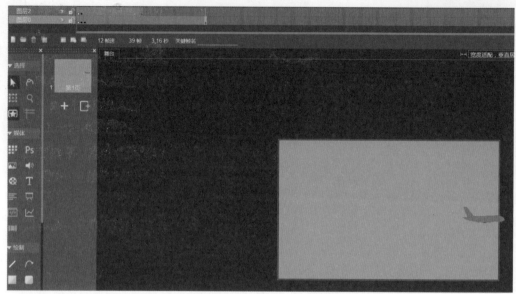

图5.27   客机飞行终止位置

2. 复制页面

为了对比动画帧移动前后的变化，在移动动画帧的位置之前将页面进行复制。单击页面栏中第1页缩略图上的复制页面按钮●，复制出第2页，如图5.28所示。

3. 移动战斗机动画帧的位置

① 在页面栏中单击第2页的缩略图，将其在舞台上打开。

② 全选战斗机飞行的动画帧，如图5.29所示。

③ 拖曳鼠标，将所选帧移动至图5.30所示的位置。

④ 分别预览第1页和第2页，观察两个页面的动画之间的区别。

图5.28   复制页面

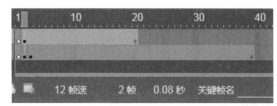

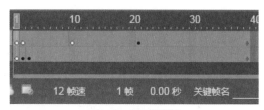

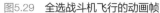

图5.29　全选战斗机飞行的动画帧　　　　　　　图5.30　移动动画帧

5.2.5　复制图层与复制帧

在H5页面的制作中，经常会遇到需要重复播放其中某一页、某一帧或某几帧内容的情况，特别是在图层内容和帧内容都很复杂时，如果重复制作，既耗费时间，又耗费精力，还容易出错。这时可以通过复制图层和复制帧的操作来实现重复播放。图5.31所示的是包含两个图层的帧动画编辑页面，下面将以此为例来介绍复制图层与复制关键帧的过程和方法。

1. 复制图层

将图5.31中第1页图层0的内容复制到第2页的图层0中，操作步骤如下。

① 选中图5.31中第1页图层0中所有的帧，如图5.31所示。

② 在选中的帧上单击鼠标右键，在弹出的菜单中执行【复制帧】命令。

③ 在页面栏中单击添加新页面按钮，添加第2页，如图5.32所示。

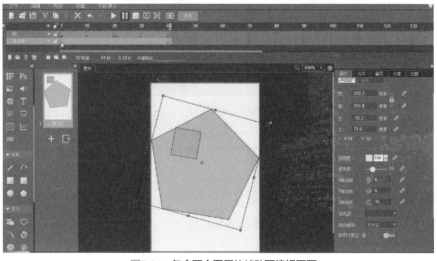

图5.31　包含两个图层的帧动画编辑页面　　　　　　图5.32　添加第2页

要点提示   第1帧已经存在一个"关键帧"（即该帧非空）。在非空帧的位置上直接进行复制，会出现操作失败的提示，如图5.33所示。

图5.33   操作失败提示

④ 将鼠标指针移至第2页第2帧（空帧的位置），单击鼠标右键，在弹出的菜单中执行【粘贴帧】命令。图层复制完成，结果如图5.34所示。

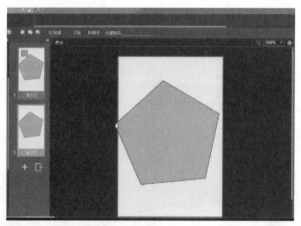

图5.34   图层复制结果

⑤ 删除第2页多余的关键帧。将鼠标指针移至第2页第1帧，单击鼠标右键，在弹出的菜单中执行【删除关键帧】命令。

2. 将多个图层复制到另一页

将第1页中所有层的所有帧复制到第3页中，具体操作步骤如下。

① 选中第1页所有图层上的所有帧。

② 在选中的帧上单击鼠标右键，在弹出的菜单中执行【复制帧】命令。

③ 在页面栏中单击添加新页面按钮➕，添加第3页。

④ 在第3页新建图层，使第3页的图层数量与复制页图层的数量相同。

⑤ 将鼠标指针移至第3页第2帧（空帧的位置），单击鼠标右键，在弹出的菜单中执行【粘贴帧】命令。

⑥ 复制完成后，可以删除第3页多余的关键帧。选中第3页的所有图层第1帧上的关键帧，单击鼠标右键，在弹出的菜单中执行【删除关键帧】命令即可。

3. 复制关键帧

复制关键帧可以是将当前图层时间线上的一个关键帧复制到当前页当前图层时间线上的另一个位置，或是将这个关键帧复制到当前页的另一个图层上，或是将这个关键帧复制到另一页中的一个图层上。具体操作步骤如下。

① 选中关键帧。

② 在选中的关键帧上单击鼠标右键，在弹出的菜单中执行【复制关键帧】命令。

③ 将鼠标指针移至需要粘贴帧的位置上（此位置必须为空帧），单击鼠标右键，在弹出的菜单中执行【粘贴关键帧】命令。

要点提示　复制关键帧或图层，主要用于重复动作，如走路、表情、机械运动等。

5.3　运动镜头帧动画制作

动画表现与视频表现一样，包括移镜头、跟镜头、推拉镜头、摇镜头等表现形式。

5.3.1　"街景"移镜头帧动画

1. 什么是移镜头

移镜头是指摄像机沿水平方向移动，并同时进行拍摄。移镜头是为了表现场景中的人与物、人与人、物与物之间的空间关系，或者将一些事物连贯起来加以表现。移镜头拍摄是摄像机的位置移动，但摄像机与被拍摄物体的角度无变化。

扫码看视频

2. "街景"移镜头帧动画的制作过程

① 准备一张街景图片，如图5.35所示。

图5.35　街景图片

② 新建一个H5作品，将街景图片导入舞台。选中图片，在时间线上插入关键帧动画。

③ 在时间线上选中关键帧动画的第一帧，在舞台上确定图片移动的起始位置，如图5.36所示；选中关键帧动画的最后一帧，在舞台上确定图片移动的终止位置，如图5.37所示。

图5.36　图片移动的起始位置

图5.37　图片移动的终止位置

④ 按照上述提示制作完成后，单击预览按钮▣，观看动画效果。

5.3.2　"飞机飞行"跟镜头帧动画

扫码看视频

1. 什么是跟镜头

跟镜头是指摄像机始终跟随运动对象拍摄，连续而详尽地表现其运动状态或运动细节。

2. "飞机飞行"跟镜头帧动画的制作过程

为了使动画效果比较真实，本例分了两个部分进行制作，一部分是跟镜头动画效果的制作，一部分是固定镜头动画效果的制作。其中，第1帧到40帧是跟镜头动画部分，这部分动画表现的是飞机在舞台区域飞行移动的画面；第41帧到第62帧是固定镜头动画部分，这部分动画表现的是跟镜头结束后飞机飞出舞台的画面。

① 准备素材图片，如图5.38和图5.39所示。

图5.38　飞机图片

图5.39　场景图片

② 新建一个H5作品，建立两个图层，其中图层0为场景图层，图层1为飞机所在的图层。然后，将场景图片和飞机图片分别导入舞台的相应图层中。由于图层1在图层0上方，所以飞机能够在场景图片的上方显示出来。

③ 在时间线上为两个图层插入关键帧动画，动画的起始帧为第1帧，终止帧为第62帧。然后分别选中两个图层的第1帧，在舞台上将场景图片和飞机图片分别移至各自的起始位置，如图5.40所示。

图5.40　场景图片和飞机图片各自的起始位置

④ 在图层1第40帧插入关键帧，选中该关键帧，在舞台上将飞机图片和场景图片分别移至图5.41所示的位置（跟镜头结束的位置）。

图5.41　在第40帧，场景图片和飞机图片在舞台上的位置

⑤ 在第62帧，分别将飞机图片和场景图片移至图5.42所示的位置（动画终止时飞机图片和场景图片所在的位置）。

图5.42　动画终止时飞机图片和场景图片所在的位置

⑥ 按照上述提示制作完成后，单击预览按钮，观看动画效果。

扫码看视频

5.3.3 "通道"推镜头帧动画

1.什么是推拉镜头

（1）推镜头

推镜头又称伸镜头，指镜头朝视觉目标纵向推近拍摄，画面范围随镜头的推近逐渐缩小。推镜头能增强视觉上的压力感，镜头从远处往近处推的过程是一个力量积蓄的过程，随着镜头的不断推近，这种力量感会越来越强，视觉冲击也越来越强。推镜头分为快推和慢推两种。慢推可以配合剧情需要，产生舒畅自然、逐渐将观众引入戏中的效果；快推可以产生紧张、急促、慌乱的效果。

（2）拉镜头

拉镜头又称缩镜头，指镜头从近到远纵向拉动，画面范围随镜头的拉动逐渐扩大。拉镜头常用来表现被摄对象正在离开或退出当前场景的感觉。

图5.43　通道图片

2."通道"推镜头帧动画的制作过程

① 准备通道图片素材，如图5.43所示。

② 新建一个H5作品，将通道图片导入舞台。在时间线上插入关键帧动画，选中第1帧（动画起始帧），调整通道图片的位置和大小，如图5.44所示；选中关键帧动画的最后一帧（动画终止帧），调整通道图片的位置和大小，如图5.45所示。

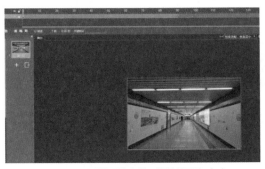

图5.44　通道图片在第1帧的位置和大小

图5.45　通道图片在最后一帧的位置和大小

③ 按照上述提示制作完成后，单击预览按钮，观看动画效果。

要点提示　在拉镜头中，图片大小的前后变化与在推镜头中正好相反。

5.3.4　"共享单车"摇镜头帧动画

1. 什么是摇镜头

扫码看视频

摇镜头指摄像机的位置不动，但镜头的拍摄角度在变化，适合用于远距离拍摄。

2. "共享单车"摇镜头帧动画的制作过程

① 准备一张图片素材，如图5.46所示。

② 新建一个H5作品，将共享单车图片导入舞台。在时间线上插入关键帧动画，选中第1帧（动画起始帧），在舞台确定图片的起始位置和尺寸，如图5.47所示；选中关键帧动画的最后一帧（动画终止帧），在舞台确定图片的终止位置和尺寸，如图5.48所示。

图5.46　共享单车图片

图5.47　图片的起始位置和尺寸

图5.48　图片的终止位置和尺寸

③ 按照上述提示制作完成后，单击预览按钮，观看动画效果。

要点提示　因为摇镜头有视角的变化，所以在镜头起始位置将图片横向压缩，如图5.47所示；当镜头到终止位置时（此例是将镜头设置为正对画面），应将图片尺寸恢复，并"放大"，以模拟镜头正对着物体拍摄的视觉效果，如图5.48所示。

5.3.5　课堂实训——运动镜头帧动画制作练习

【实训1】模仿教材案例，制作一个包含移动镜头、推拉镜头、摇镜头和跟镜头的动画作品。

【实训2】扫描右侧的二维码观看示例，模仿该示例，设计制作一个"大事记"作品，内容可以是关于自己的，或自己的朋友的，也可以是某个企业的。

制作提示：制作该作品需要将预置动画与帧动画结合起来运用。

扫码看视频

5.4　运动镜头帧动画设计制作案例

5.4.1　操作任务——"倒霉的猫"帧动画

动画内容：动画"倒霉的猫"配有背景音乐，表现的是这样一个情景：一只黑猫纵身跃起，欲抓从其头顶飞过的大雁，在猫快要抓到大雁时，大雁的便便正好落下，掉在了猫的头上，结果猫扑了个空，大雁安然飞出了画面。

扫码看视频

任务目的

通过完成此任务，进一步体会如何设计制作帧动画作品，掌握较复杂的帧动画的制作方法和过程。

实现步骤

1. 任务分析

根据动画内容可知：动画"倒霉的猫"中包括的"物体"有场景、猫、大雁、大雁的便便和背景音乐5个"物体"。除音乐需要单独一个图层外，其余4个"物体"也需要分别用4个图层制作4个"物体"的动画（每个图层只制作一个"物体"的动画）。其中，场景图层必须处于猫、大雁和大雁便便所在的图层之下，因为猫、大雁和大雁便便在画面中不存在遮挡关系，所以可以不用考虑这3个图层的上下顺序。

2. 规划设计

（1）图层规划

根据前面对任务的分析，本例的图层顺序从下到上分别是：图层0（场景），图层1（猫），图层2（大雁），图层3（大雁便便），图层4（背景音乐）。

（2）猫的动作规划

猫抓大雁的跳跃动作可分解为9个，如图5.49所示。

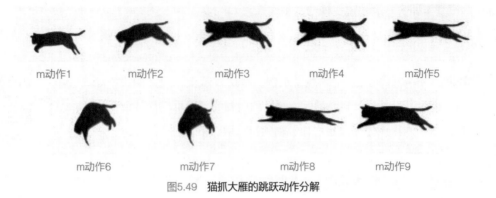

m动作1　　m动作2　　m动作3　　m动作4　　m动作5

m动作6　　　m动作7　　　m动作8　　　m动作9

图5.49　猫抓大雁的跳跃动作分解

（3）大雁的动作规划

大雁飞行的动作可分解为9个，如图5.50所示。

y动作1　　y动作2　　y动作3　　y动作4　　y动作5

y动作6　　　y动作7　　　y动作8　　　y动作9

图5.50　大雁飞行动作分解

（4）动画行为规划

本例的动画行为规划脚本如图5.51至图5.55所示。

图5.51　动画的起始画面

图5.52　猫和大雁进入画面

图5.53　猫接近大雁

图5.54　大雁飞至猫的头顶

图5.55　猫和大雁飞出画面

（5）配乐设想

本例的动画内容较短，准备一段10秒左右的，适合本例剧情的音乐作为动画的背景音乐。

3. 准备素材

需要准备的素材包括1张场景图片（图5.56），9张猫抓大雁的跳跃动作分解图，9张大雁飞行动作的分解图，以及一段10秒左右的背景音乐。大雁便便在舞台上绘制即可。

图5.56　场景图片

4. 制作

（1）动画场景

① 新建一个H5作品，除已有的图层0外，再依次建立图层1、图层2、图层3、图层4，如图5.57所示。

② 选中图层0（图层0在最下层），将场景图片导入舞台，根据舞台尺寸调整图片大小。在时间线上插入关键帧动画（72帧）。选中第1帧，在舞台上将场景图片移至动画起始位置，如图5.58所示；选中第72帧，在舞台上将场景图片移至动画终止位置，如图5.59所示。

图5.57　新建图层

图5.58　场景图片的起始位置

图5.59　场景图片的终止位置

（2）猫抓大雁的跳跃动作

猫抓大雁的跳跃动画在图层1上制作。前面已经将猫的动作进行了分解，在动画制作时，每个动作的起始位置都需要插入关键帧，即在图层1的时间线上需要插入9个关键帧。然后，再基于这9个关键帧分别制作这9个动作的动画，每个动画的制作过程基本相同，具体操作如下。

① 在图层1的时间线上添加9个关键帧，分别作为9个动作的起始点，本例中添加的9个关键帧的位置（帧号），分别如表5.1中的"动作起始帧号"行所示。

② 分别选中这9个关键帧，按顺序分别将9张动作分解图导入舞台。

③ 分别选中这9个关键帧，在舞台上调整导入的9张图片的尺寸和角度。

④ 在图层1的时间线上再分别添加9个关键帧，作为9个动作的终止点。本例中添加的9个终止点关键帧的位置（帧号），分别如表5.1中的"动作终止帧号"行所示。

⑤ 分别选中这9个终止点关键帧，单击鼠标右键，在弹出的菜单中执行【插入关键帧动画】命令。

⑥ 分别选中这9个终止点关键帧，在舞台上调整对应的9张图片的尺寸和角度。

表5.1　猫跳跃的各分动作在时间线上的起始帧位置和终止帧位置

猫跳跃动作顺序号	1	2	3	4	5	6	7	8	9
动作起始帧号（插入关键帧位置）	9	14	18	23	26	30	35	39	43
动作终止帧号	13	17	22	25	29	34	38	42	45

按照上面的提示制作完成后，猫的9个分解动作的设置情况如图5.60至图5.68所示。图中的红框区域为舞台。

猫的第1个动作起始于第9帧，终止于第13帧。在第9帧，猫在舞台的位置及状态如图5.60所示。

猫的第2个动作起始于第14帧，终止于第17帧。在第14帧，猫在舞台上的位置及状态如图5.61所示。

图5.60　第9帧

图5.61　第14帧

　　猫的第3个动作起始于第18帧，终止于第22帧。在第18帧，猫在舞台上的位置及状态如图5.62所示。

　　猫的第4个动作起始于第23帧，终止于第25帧。在第23帧，猫在舞台上的位置及状态如图5.63所示。

图5.62　第18帧

图5.63　第23帧

　　猫的第5个动作起始于第26帧，终止于第29帧。在第26帧，猫在舞台上的位置及状态如图5.64所示。

　　猫的第6个动作起始于第30帧，终止于第34帧。在第30帧，猫在舞台上的位置及状态如图5.65所示。

图5.64　第26帧

图5.65　第30帧

猫的第7个动作起始于第35帧，终止于第38帧。在第35帧，猫在舞台上的位置及状态如图5.66所示。

猫的第8个动作起始于第39帧，终止于第42帧。在第39帧，猫在舞台上的位置及状态如图5.67所示。

图5.66　第35帧

图5.67　第39帧

猫的第9个动作起始于第43帧，终止于第45帧。在第43帧，猫在舞台上的位置及状态如图5.68所示。

（3）大雁飞行的动作

大雁飞行的动画在图层2上制作。从大雁飞入舞台到水平移动飞出舞台，共需72帧（从时间线上的第1帧起始到第72帧结束）。本例中，大雁飞行动画的一个分动作用一帧来制作。

图5.68　第43帧

前面已经将大雁飞行的动作分解为9张图，连续播放9张图即可完成一套完整的飞行动作，通过复制这套完整的动作，可以实现大雁持续飞行的动画。本例在72帧上，将这套动作复制了7次，使大雁通过连续的8套完整飞行动作从舞台左侧飞入，然后平行飞过舞台，从舞台右侧飞出画面。动画制作的具体操作如下。

① 在图层2的时间线上选中前9帧，在选中的帧上单击鼠标右键，在弹出的菜单中执行【插入关键帧】命令，使前9帧的每一帧都是关键帧。

② 按动作顺序分别将9张动作图导入到这9帧上（一帧上导一张图，一一对应）。

③ 在图层2的时间线上分别选中前9帧，在舞台上调整导入的9张图片的尺寸和角度，使大雁飞行动作图片的尺寸和飞行方向保持一致，以及调整9张图片在舞台上的位置（可以先将舞台从左到右的直线距离均分为8段，然后将9张图片按动作顺序等距排列在第1段上）。例如，按

描述操作完成后，大雁飞行动画的第1帧到第4帧设置的结果分别如图5.69至图5.72所示。

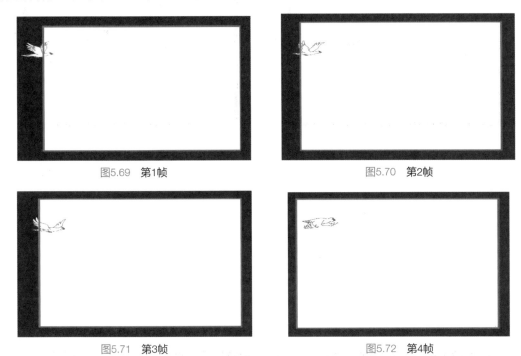

　　图5.69　第1帧　　　　　　　　　　　　　　　图5.70　第2帧

　　图5.71　第3帧　　　　　　　　　　　　　　　图5.72　第4帧

　　④ 前9帧制作完成后可以先预览第1段的效果，调整合适后，接着第9帧后面，用复制多个关键帧的方式将前9帧复制1次。然后，再分别选中复制的9帧，调整这9个关键帧的图片在舞台上的位置（接着第9帧图片的后面，从左到右，按动作顺序等距将图片排列在第2段上）。调整完后预览第2段的效果，无问题后按此方法再进行6次这样的复制和调整。

　　（4）大雁拉便便的动作

　　大雁拉便便的动画在图层3上制作。这段动画起始于第19帧，结束于第25帧。这段范围是舞台上大雁和猫相逢的一段，大雁便便在此段内落下能正好于第25帧处掉在猫的头上。这段动画的具体制作方法如下。

　　① 在第19帧插入一个关键帧，然后选中这一帧，在舞台上绘制图5.73所示的褐色小圆点作为大雁的便便。

　　② 在第25帧上单击鼠标右键，在弹出的菜单中执行【插入关键帧动画】命令。

　　③ 选中第19帧，在舞台上将圆点移至大雁身体下方，如图5.73所示；选中第25帧，在舞台将圆点移至猫的头上，如图5.74所示。

图5.73　小圆点在舞台上的起始位置　　　　图5.74　小圆点在舞台上的终止位置

（5）添加背景音乐

动画的背景音乐在图层4上添加。具体操作方法如下。

① 在图层4的第1帧上将准备好的背景音乐导入舞台。

② 在舞台上选中背景音乐的图标，然后在【属性】面板下方打开【自动播放】设置。

③ 在图层4的第72帧上单击鼠标右键，在弹出的菜单中执行【插入关键帧】命令，即可使背景音乐从动画开始播放至动画结束。

④ 为了避免音乐图标出现在动画中，可将音乐图标放置在舞台外。

将上述的5个图层的动画制作完成后，时间线上各图层的帧情况如图5.75所示。

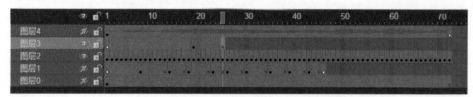

图5.75　动画制作完成后时间线上的帧情况

要点提示　在本例中，猫和大雁的动画都只分解了9个动作。如果要使猫和大雁的动画看起来更流畅、自然，可以将动作分解得更细致。

5.4.2　课堂实训——运动镜头帧动画制作与应用

【实训1】运用不同的运动镜头为某汽车品牌制作一个H5广告。

制作要求：①广告中有汽车运动的动画，并且汽车的车轮要转动；②制作中至少需要运用推镜头和跟镜头。

【实训2】利用本章所学的内容，设计制作"龟兔赛跑"H5动画作品。

第 6 章

特型动画

在Mugeda中，除了可以制作预置动画和帧动画，还可以制作
进度动画、路径动画、变形动画、遮罩动画、元件动画等特型动画，
创作者可以根据应用的需求，灵活选择合适的动画进行设计创作。
本章主要内容如图6.1所示。

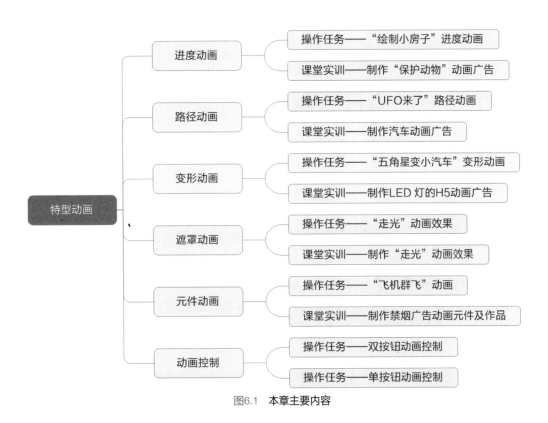

图6.1　本章主要内容

6.1　进度动画

进度动画可用于呈现图形绘制的过程。图6.2和图6.3分别为鲸鱼和吊车的简笔画，如果要呈现鲸鱼和吊车的图形绘制过程，可以利用进度动画来实现。

图6.2　鲸鱼简笔画

图6.3　吊车简笔画

6.1.1　操作任务——"绘制小房子"进度动画

本例讲解的是如何利用进度动画，演示出图6.4所示的"小房子简笔画"的绘制过程。

扫码看视频

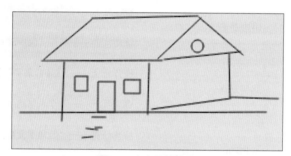
图6.4　小房子简笔画

任务目的

通过"绘制小房子"进度动画的制作，掌握进度动画的制作方法。

操作步骤

1. 新建 H5 作品并绘制图形

新建一个H5作品，选中图层0的第1帧，单击工具箱中的直线工具，在舞台上绘制图6.4所示的小房子。

2. 插入帧

在时间线上将鼠标指针放在第30帧上，单击鼠标右键，在弹出的菜单中执行【插入帧】命令，如图6.5所示。

3. 进行"组"操作

制作进度动画前，需要先将绘制的图形的所有笔画组合成一个整体。第1步中绘制的小房子图形是由多个笔画组成的，所以需要通过"组"操作，使小房子图形的所有笔画组合成一个整体。具体操作方法：在舞台用框选的方式（或直接在时间线上单击插入的30帧中的任意一帧）选中小房子图形的所有笔画，在舞台单击鼠标右键，在弹出的菜单中执行【组】/【组合】命令，即可将小房子图形的所有笔画组合成一个整体，结果如图6.6所示。

4. 设置进度动画

将鼠标指针移至时间线第1帧至第30帧之间的任意一帧上，单击鼠标右键，在弹出的菜单中执行【插入进度动画】命令，如图6.7所示。

图6.5　插入帧

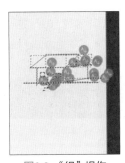

图6.6　"组"操作

图6.7　插入进度动画

5. 预览作品

按照上述提示制作完成后，单击预览按钮，观看动画效果。

6.1.2　课堂实训——制作"保护动物"动画广告

利用进度动画制作图6.8所示的广告。

制作要求：绘制白黄双色背景（或重新设计其他背景），在背景中用直线工具或曲线工具绘制犀牛（或其他动物）图案，然后将该图案制作成进度动画。进度动画制作完成后，再在页面中制作广告语"关爱自然，保护动物"在画面中出现的动画效果。

图6.8　"保护动物"动画广告

6.2　路径动画

路径动画指物体沿指定的运动路径运动的动画。制作路径动画前要先完成帧动画的制作。

6.2.1　操作任务——"UFO 来了"路径动画

扫码看视频

如图6.9所示，这是一个UFO在城市夜空中飞行的画面。要求制作出UFO在城市夜空中进行曲线飞行的动画。

图6.9　UFO在城市夜空中飞行的画面

任务目的

掌握路径动画的制作方法。

操作步骤

1. 准备素材

准备一张UFO图片和一张城市夜空图片，如图6.10和图6.11所示。

图6.10　UFO图片

图6.11　城市夜空图片

2. 设置舞台方向，导入图片

新建一个H5作品，将舞台设置为横屏，并将城市夜空图片设置为舞台背景。

3. 制作 UFO 直线飞行帧动画

将UFO图片导入舞台，然后制作UFO直线飞行的帧动画，本例共插入关键帧动画60帧。在本例中，UFO从舞台右上角进入画面，所以在帧动画的第1帧（起始帧），UFO在舞台的位置如图6.12所示。UFO最后从舞台正下方飞出舞台，所以在帧动画的第60帧（终止帧），UFO在舞台的位置如图6.13所示。

图6.12　第1帧　　　　　　　　　　　　　　图6.13　第60帧

4. 设置路径变化节点

制作完上一步后，预览的动画效果是UFO从画面的右上角飞入，然后直线飞至画面正下方后飞出画面。现在需要在此基础上制作UFO在画面中进行曲线飞行的效果。如图6.14所示，在时间线上第1帧至第60帧之间插入5个关键帧。

图6.14　插入关键帧

5. 自定义路径

在时间线上第1帧至第60帧之间任意一帧上单击鼠标右键，在弹出的菜单中执行【自定义路径】命令，舞台上将显示出动画的运动路径。本例中执行该命令后显示的动画路径为直线。现在需要对直线路径进行自定义，这里有如下两种方法。

方法1：在时间线上分别选中每个关键帧，在舞台拖动物体（UFO），移动其位置，即可改变物体（UFO）的运动路径，如图6.15所示。

方法2：在工具箱单击节点工具，然后在舞台上用鼠标框选整个路径，可以看到路径上显示出第4步中设置的所有节点，调整这些节点即可改变物体（UFO）的运动路径，如图6.16所示。

图6.15　选择关键帧后拖动物体　　　　　　图6.16　选择节点工具后拖动节点

要点提示　　在时间线上的任意一个动画帧上单击鼠标右键，在弹出的菜单中执行【切换路径显示】命令，可以显示/隐藏动画路径。

6. 调整 UFO 的大小、形状和角度

在时间线上分别选中各个关键帧，单击工具箱中的变形工具▣，在舞台上调整UFO的大小、形状和角度。本例制作的效果是UFO从画面的右上角飞入，然后由远到近飞至画面正下方后飞出画面，所以表现远距离时需要将UFO调小，如图6.17所示；表现近距离时需要将UFO调大，如图6.18所示。

图6.17　表现远距离时将UFO调小　　　　　　图6.18　表现近距离时将UFO调大

7. 预览作品

按照上述提示制作完成后，单击预览按钮▣，观看动画效果。

6.2.2 课堂实训——制作汽车动画广告

模仿前面的实例，制作汽车沿盘山公路行驶的动画。

制作过程提示：

① 准备素材（汽车图片和背景图片）；

② 新建项目，并将舞台设置为横向；

③ 将准备好的背景图片导入并设置为背景；

④ 将汽车图片导入舞台，然后制作汽车行驶的帧动画；

⑤ 将汽车行驶的帧动画设置为路径动画，调整汽车的运动路径，使汽车沿公路行驶；

⑥ 在此基础上，添加一个动画广告（在汽车驶出公路，从画面中消失后，在画面中显示该汽车的车标及广告语；然后翻页，展示汽车的性能、尺寸、价格等信息）。

6.3 变形动画

变形动画是指将一个图形变成另一个图形的动画。

6.3.1 操作任务——"五角星变小汽车"变形动画

制作一个五角星变成小汽车的变形动画。本例需要先绘制五角星和小汽车，五角星如图6.19所示，小汽车如图和6.20所示。

扫码看视频

图6.19　五角星

图6.20　汽车

任务目的

通过本例的制作，掌握变形动画的制作方法。

操作步骤

1. 绘制五角星

① 绘制五边形。单击工具箱中的绘图工具 ，绘制一个五边形，如图6.21所示。

② 转换物体类型。单击工具箱中的变形工具▦，弹出物体转换提示对话框，单击【确定】按钮，如图6.22所示。

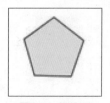

图6.21　五边形　　　　图6.22　物体转换提示对话框

③ 将五边形变形为五角星。单击工具箱中的节点工具▣，在舞台上单击五边形，五边形上会出现节点，拖动这些节点，将五边形调整成图6.19所示的五角星。

2. 制作变形动画

① 在图层0的时间线第60帧上单击鼠标右键，在弹出的菜单中执行【插入变形动画】命令，如图6.23所示。

图6.23　执行【插入变形动画】命令

② 单击五角星，选中并拖动五角星上的节点，将五角星调整为汽车图形，并填充颜色，如图6.24所示。

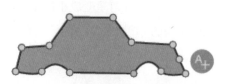

图6.24　调整好的汽车图形

要点提示　如果五角星上的节点数量不足以将其调整为汽车图形，那么就需要在五角星上添加节点。选中五角星上的某个节点并单击鼠标右键，在弹出的菜单中执行【节点】/【添加节点】命令，如图6.25所示。

图6.25　执行【添加节点】命令

③ 为汽车添加车窗和车轮。新建图层1，在图层1的时间线第60帧上单击鼠标右键，在弹出的菜单中执行【插入关键帧】命令，如图6.26所示。单击选中图层1的第60帧，在舞台上绘制汽车的车窗和车轮，并为其填充颜色，完成后的汽车如图6.20所示。

图6.26　新建图层1

3. 为汽车增加一段展示时间

在图层0的第80帧上单击鼠标右键，在弹出的菜单中执行【插入帧】命令。在图层1的第80帧上单击鼠标右键，在弹出的菜单中执行【插入帧】命令，如图6.27所示。

图6.27　插入帧和关键帧

6.3.2　课堂实训——制作 LED 灯的 H5 动画广告

设计制作一个LED灯的H5动画广告。

制作要求：

① 动画广告需配背景音乐；

② 画面中先出现一个钨丝灯泡，然后钨丝灯泡逐渐变成LED灯，且灯的颜色随灯的改变而改变（暖黄色变为冷白色）；

③ 灯泡变为LED灯后，画面开始显示广告语（广告语可自拟）。

6.4　遮罩动画

遮罩动画可以实现很多效果。制作遮罩动画时，至少需要两个图层，遮罩层在上方，被遮罩层在下方。遮罩层划定被遮罩层的内容显示范围。

6.4.1　操作任务——"走光"动画效果

制作一个蓝色的长方形按钮，按钮上有文字"春节快乐"，然后在按钮上制作出从左到右的走光效果。

任务目的

通过本案例的制作，掌握遮罩动画的制作方法。

操作步骤

1. 制作一个按钮

新建一个H5作品，选中图层0的第1帧，在舞台上绘制图6.28所示的按钮。

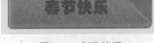

图6.28 制作按钮

2. 新建图层

单击新建图层按钮▣，新建图层1和图层2，如图6.29所示。其中，图层1将作为被遮罩层，图层2将作为遮罩层，所示图层2在图层1的上方。

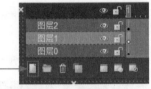

单击

图6.29 新建图层

3. 将图层 0 上的按钮复制到图层 2

单击选中图层0的第1帧，在舞台上单击选中绘制的按钮，单击鼠标右键，在弹出的菜单中执行【复制】命令。单击选中图层2的第1帧，在舞台上单击鼠标右键，在弹出的菜单中执行【粘贴】命令，即可将绘制的按钮复制到图层2上。选中图层2，调整按钮在舞台上的位置，使之与图层0上的按钮重合，如图6.30所示。

图6.30 复制按钮

4. 设置遮罩层并制作被遮罩动画

① 选中图层2的第1帧，单击转为遮罩层按钮▣，如图6.31所示。

② 选中图层1的第1帧，在舞台上绘制一个白色矩形，设置矩形的透明度，单击工具箱中的变形工具，将矩形变形为平行四边形，调整其角度和位置，如图6.32所示。

③ 在图层1制作矩形从左向右移动的帧动画。在图层1的第30帧（帧动画结束的位置）上单击鼠标右键，在弹出的菜单中执行【插入关键帧动画】命令，如图6.33所示。选中图层1的第30帧，在舞台上将矩形移动至图6.34所示的位置。

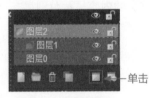

单击

图6.31 设置遮罩层

图6.32 绘制矩形

④ 分别在图层0和图层2的第30帧插入帧，使这两个图层的帧数与图层1相同。

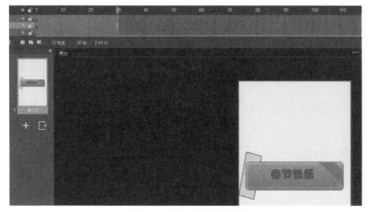

图6.33 插入关键帧动画

图6.34 矩形在第30帧位置

5. 预览作品

按照上述提示制作完成后，单击预览按钮，观看动画效果。

6.4.2 课堂实训——制作"走光"动画效果

请采用遮罩动画的方式，为图6.35所示的Logo制作"走光"动画效果。

图6.35 Logo素材

6.5 元件动画

元件动画指在元件中制作动画，每一个元件动画都是一个独立完整的动画，可以重复调用。例如，某企业经常对外发布H5广告，每次发布的H5广告都需要在页面中展示企业的动画Logo，如果将企业的动画Logo制作成元件动画，那么每次在设计新的H5广告时就可以直接调用。

元件动画的制作方法和前面介绍的各种动画的制作方法基本相同，主要的区别是需要在制作前将"物体"设置为元件，在元件状态下进行制作，制作完成后即为元件动画，与其他的图形元件一样被存于元件库中，即使在页面中将其删除，也可从元件库中再次调用，还可以将其导入到其他作品中使用。

下面就以制作帧动画元件为例来介绍元件动画的制作方法和过程。

6.5.1　操作任务——"飞机群飞"动画

本例是通过制作帧动画元件并对其进行调用，来制作多架飞机在空中群飞的动画效果。

扫码看视频

任务目的

通过本案例的制作，掌握元件动画的制作方法。

操作步骤

1. 导入飞机图片，并将其转换为元件

新建一个H5作品，在舞台上导入图6.36所示的飞机图片，使用变形工具调整飞机图片的大小。选中飞机图片，单击鼠标右键，在弹出的菜单中执行【转换为元件】命令，如图6.37所示。在【元件】选项卡中将元件名改为"飞机"。

2. 进入元件状态

在舞台上双击飞机图片，进入元件状态，这个步骤非常重要，如图6.38所示。

图6.36　飞机图片　　　　图6.37　转换为元件　　　　图6.38　进入元件状态

3. 制作飞机飞行的帧动画元件

运用前面学习的帧动画制作方法，在元件状态下制作飞机从左向右飞行的动画效果。动画制作好后，时间线的帧设置情况如图6.39所示。其中，第1帧为飞机飞行的起点，页面设置如图6.40所示；第30帧为飞机飞行的终点，页面设置如图6.41所示。

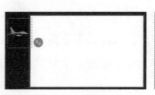

图6.39　飞机飞行动画的帧设置　　　图6.40　飞行起始点　　　图6.41　飞行终止点

4. 调用元件

按上述步骤将飞机飞行的帧动画元件制作完成后,单击页面栏上的页面缩略图,退出元件状态,回到舞台编辑状态。在属性面板中单击【元件】选项卡,选中制作好的"飞机"元件,将鼠标指针放在"飞机"元件前端的按钮 上,按住鼠标左键将元件拖曳到舞台上,并在舞台上调整飞机元件位置和尺寸。本例调用了3次"飞机"元件,使画面中形成"飞机群飞"的动画效果。

此外,本例还导入了一张图片将其设置为背景。整个动画制作完成后时间线的设置情况和页面情况如图6.42所示。

图6.42 设置完成的"飞机群飞"动画

6.5.2 课堂实训——制作禁烟广告动画元件及作品

从不同的角度思考禁烟广告创意,选取3个点创作3个禁烟广告动画元件,然后调用这3个元件,制作一个完整的禁烟公益广告作品。

6.6 动画控制

动画控制指通过按钮或其他方式控制动画行为。本节将通过两个操作任务来介绍H5作品制作中的动画控制。

6.6.1　操作任务——双按钮动画控制

在作品中制作两个按钮，一个用于控制动画暂停，另一个用于控制动画播放，实现"暂停"与"播放"两种交互控制，页面布局如图6.43所示。

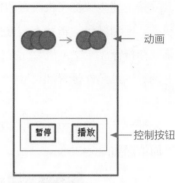

图6.43　双按钮动画控制页面布局

【任务目的】

通过本案例的制作，掌握通过两个按钮来控制动画行为的方法。

【操作步骤】

① 新建一个H5作品，在图层0上制作帧动画。

② 新建图层1，用于制作两个控制按钮。

③ 将图层1的帧数设置得与图层0一致，使图层1的两个按钮能够控制整个动画。

④ 选中图层1的动画起始帧，分别为两个控制按钮设置行为。选中【暂停】按钮，单击添加/编辑行为按钮，在弹出的【编辑行为】对话框中将【暂停】按钮的行为设置为"暂停"，触发条件设置为"点击"。用相同的方法将【播放】按钮的行为设置为"播放"，触发条件设置为"点击"。

按照上述方式设置完后，动画只能播放一次。如果需要重复播放动画，可以进行如下操作。

① 新建一个图层，并将其帧数设置得与图层0一致。

② 在动画的最后一帧上插入一个关键帧。

③ 选中插入的关键帧，在舞台之外绘制一个图形，并为图形设置行为：将行为设置为"跳转到帧并播放"，将触发条件设置为"出现"，在行为参数设置中的"帧号"框中输入动画起始帧的帧号（如动画从第1帧开始，则输入"1"）。

【要点提示】　在本例的制作中，将【属性】面板中的【动画循环】设置为"关闭"。

6.6.2　操作任务——单按钮动画控制

在作品中制作1个按钮，使其既用于控制动画暂停，又用于控制动画播放，实现"暂停"与"播放"两种交互控制，页面布局如图6.44所示。

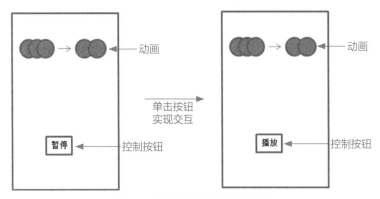

图6.44　单按钮动画控制页面布局

任务目的

通过本案例的制作，掌握通过1个按钮来控制动画行为的方法。

操作步骤

① 新建一个H5作品，在图层0上制作帧动画，并在【属性】面板中将"动画循环"设置为"打开"。

② 新建图层1，用于制作和添加按钮元件。在图层1上绘制一个按钮，选中按钮，单击鼠标右键，在弹出的菜单中执行【转换为元件】命令。

③ 在舞台双击按钮，进入元件状态，在按钮元件图层0的第1帧和第2帧上分别插入关键帧。分别选中这两个关键帧，为按钮设置行为和触发条件，具体设置如表6.1所示。

表6.1　按钮关键帧行为和触发条件设置

帧号	行为	触发条件
第1帧（播放）	暂停	点击
	下1帧	点击
第2帧（暂停）	播放	点击
	上1帧	点击

④ 为按钮设置完行为和触发条件后，在页面栏单击页面缩略图，退出元件状态，返回舞台编辑状态。选中图层1的第1帧，将做好的按钮元件拖曳到舞台上。

要点提示　预览时会发现按钮的"暂停"和"播放"控制循环出现，解决方法是修改按钮元件，为其添加"暂停"设置，具体操作方法如下。

① 双击页面中的按钮，进入元件状态。

② 在按钮元件的图层中新建一个图层，并选中新建图层的第1帧，在舞台外绘制一个图形。

③ 选中绘制的图形，为其设置行为：将行为设置为"暂停"，触发条件设置为"出现"。注意，这是在元件中设置的"暂停"，是用于控制按钮元件的，并非是用于控制舞台动画的。

第 7 章

实用工具及其应用

除了前几章中介绍的工具，Mugeda还提供了许多其他的实用工具，如虚拟现实、图表、表单、预置考题、陀螺仪、幻灯片、擦玻璃、点赞、绘画板等，这些工具的操作非常简单，易学易掌握。本章就来介绍其中一些工具的使用方法。本章的主要内容如图7.1所示。

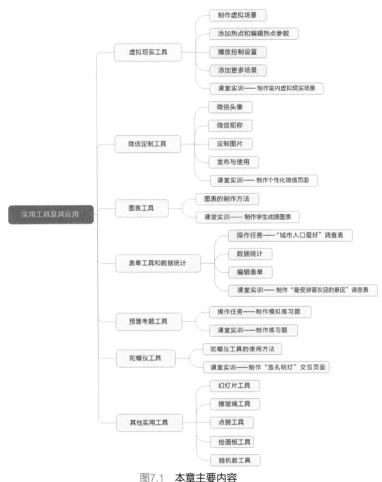

图7.1　本章主要内容

7.1　虚拟现实工具

扫码看视频

利用Mugeda工具箱中的虚拟现实工具，可以制作出虚拟现实效果（将二维的图片处理成三维的效果，给人带来身临其境的感觉）。在Mugeda中制作虚拟现实效果，一般需要使用全景图像素材，图像的长宽比一般为1∶2或1∶6。本节将通过具体实例来介绍虚拟现实效果的制作方法和过程。

在制作虚拟现实效果之前必须先准备好素材，本例准备的是图7.2所示的两张长宽比为1∶2的图片，用于制作虚拟现实场景；1张竖构图图片，作为热点播放用图；1张场景缩略图；1段视频，作为热点播放用的视频。

（a）虚拟现实场景用图片1

（b）虚拟现实场景用图片2

（c）热点播放用图片

（d）场景缩略图

（e）热点播放用视频

图7.2　素材

7.1.1　制作虚拟场景

1. 新建项目，导入素材

① 新建一个H5作品。

② 建立虚拟现实播放区。在工具箱中单击虚拟现实工具 ▉，鼠标指针变成"＋"，按住鼠标左键在舞台上拖曳鼠标，建立虚拟现实播放区，如图7.3所示。

2. 进入媒体库

① 松开鼠标左键后，弹出【导入全景虚拟场景】对话框，如图7.4所示。

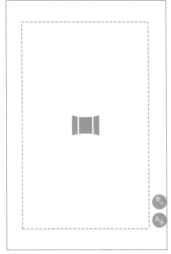

图7.3　建立虚拟现实播放区

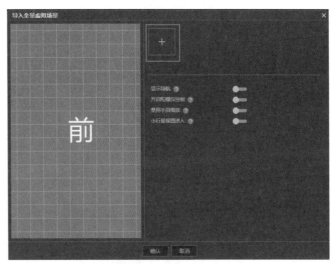

图7.4　【导入全景虚拟场景】对话框

② 单击【导入全景虚拟场景】对话框中的添加按钮█，弹出【素材库】对话框。

③ 单击【素材库】对话框中的添加按钮█，将准备好的图片从电脑导入素材库。

3. 导入虚拟现实场景图片

如图7.5所示，在【素材库】对话框中选中导入的虚拟现实场景图片"雍和宫"，单击【添加】按钮，该图片被添加到【导入全景虚拟场景】对话框中。添加后如图7.6所示。

图7.5　将图片导入【素材库】

图7.6　导入虚拟现实场景图片

要点提示 如果关闭【导入全景虚拟场景】对话框后，需要再次调出该对话框，可在舞台上的虚拟现实场景中双击鼠标左键，即可再次弹出【导入全景虚拟场景】对话框；或者，在舞台上选中虚拟现实场景，单击【属性】面板最下方"虚拟现实参数"设置项右边的【编辑】按钮，也可弹出【导入全景虚拟场景】对话框。

---

4. 编辑虚拟现实参数

① 在【导入全景虚拟场景】对话框中单击【场景】选项卡，选项卡中的"标题"设置框用于命名场景，默认的标题名称为"场景1"，在"标题"设置框中输入标题可重新命名。本例输入的是"国子监街"，如图7.7所示。

图7.7 设置【导入全景虚拟场景】对话框中的参数

②单击"图片"设置框中的缩略图，弹出【素材库】对话框，可以重新选择图片替换当前的全景虚拟场景图片。

③单击"缩略图"设置框中的缩略图，弹出【素材库】对话框，可以重新选择图片替换当前的缩略图。本例选中的是名为"s2.png"的图片，如图7.8所示。

④单击"预览图片"设置框中的缩略图，弹出【素材库】对话框，可以重新选择图片替换当前的预览图片。

要点提示　在【导入全景虚拟场景】对话框中，将鼠标指针移至【场景】选项卡上方的缩略图上，会出现删除图标 ●，单击删除图标可将该场景图片删除，如图7.9所示。将鼠标指针移至"缩略图"设置框和"预览图片"设置框的缩略图上，也会出现删除图标 ⊠，单击删除图标可将它们删除，如图7.10所示。

图7.8　选择缩略图　　　　图7.9　删除场景图片　　　　图7.10　删除缩略图

⑤调整虚拟现实播放区。按照上述提示设置后，可单击预览按钮 ▣ 预览作品，预览结果如图7.11所示。从图中可以看到虚拟现实播放区比舞台小，舞台四周都有空白。这是因为虚拟现实播放区的尺寸（272像素×411像素）小于舞台的尺寸（320像素×520像素），如图7.12所示。调整虚拟现实播放区的方法有两种：一种是选中虚拟现实场景，单击工具箱中的变形工具，拖曳变形框使虚拟现实播放区的尺寸与舞台的尺寸相同；另一种是选中虚拟现实场景，然后在【属性】面板中调整其"宽"和"高"的参数，使之与舞台大小相同，如图7.13所示。

图7.11　预览效果　　　　图7.12　虚拟现实播放区的尺寸　　　　图7.13　调整虚拟现实播放区参数

⑥ 在【导入全景虚拟场景】对话框中，还有"显示导航""开启陀螺仪控制""禁用手指缩放"和"小行星视图进入"几个设置项，它们都默认为关闭状态。本例中，开启了"显示导航"和"开启陀螺仪控制"两项。

⑦ 上述参数设置好后，单击【导入全景虚拟场景】对话框下方的【确定】按钮，即可完成设置。单击预览按钮预览作品，预览结果如图7.14所示，从中可以看到页面中显示出导航栏。导航栏左边为显示/隐藏全景虚拟场景缩略图的切换按钮，右边为隐藏导航栏按钮。单击隐藏导航栏按钮，导航栏被隐藏，但在页面底部正中间出现显示导航栏按钮，如图7.15所示，单击该按钮，页面中再次显示导航栏。

图7.14　作品预览结果　　　　图7.15　"显示导航栏"按钮

7.1.2　添加热点和编辑热点参数

1. 打开【热点】选项卡

① 在舞台上的虚拟现实场景中双击鼠标左键，或者在舞台选中虚拟现实场景，单击【属性】面板最下方"虚拟现实参数"设置项右边的【编辑】按钮，可打开【导入全景虚拟场景】对话框。

② 在【导入全景虚拟场景】对话框中，单击打开【热点】选项卡，如图7.16所示。

2. 添加第 1 个热点

在【热点】选项卡中单击图7.16所示的添加热点按钮，按钮右侧会出现添加热点提示"在预览区域点击任意位置选定热点"。在预览区域用鼠标拖曳图片，选定需要添加热点的位置后单击鼠标，即可在该位置添加一个热点，如图7.17所示。

图7.16　打开【热点】选项卡

图7.17　添加热点

3. 替换热点图标

① 单击需要编辑的热点，将其选中，此时热点的编辑行呈绿色，处于可编辑状态，如图7.18所示。

② 单击"图标"项下方的下拉按钮 ▼ ，弹出图标缩略图列表，如图7.19所示。在列表中选择并单击图标，即可替换热点图标。

图7.18　选中热点

4. 设置热点图标的大小

单击"尺寸"项下方的下拉按钮 ▼ ，在弹出的下拉菜单中选择数字，即可调整热点图标的大小。

5. 添加第 2 个热点并对其进行编辑

按照上述方法，在【热点】选项卡中添加第2个热点，并对其进行编辑，结果如图7.20所示。

图7.19　图标缩略图列表

图7.20　添加第2个热点并对其进行编辑

6. 为热点添加行为

除了编辑热点参数，我们还可以为热点添加行为，使用户点击热点后可出现"新物体"，如动画、视频、图片、文字等。本例设置的效果是，当点击热点1后，页面显示一张新的图片；当点击热点2后，会进入视频播放页面。为热点添加行为的方法如下。

（1）导入热点图片和视频

① 在作品中新建一个图层（图层1）。选中图层1，分别在时间线上的第2帧和第3帧插入关键帧。

② 导入热点图片。选中第2帧，单击工具箱中的导入图片工具，将热点图片导入舞台，如图7.21所示。

③ 导入热点视频。选中第3帧，单击工具箱中的导入视频工具，将热点视频导入舞台，如图7.22所示。

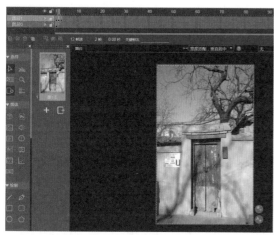

图7.21 导入热点图片

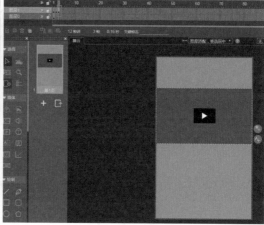

图7.22 导入热点视频

（2）为热点添加行为的基本过程

① 在舞台上热点所在的虚拟现实场景中双击鼠标左键，打开【导入全景虚拟场景】对话框，单击对话框中的【热点】选项卡，将其打开。

② 在需要添加行为的热点行上，单击该热点"操作"项下方的编辑按钮，弹出【编辑行为】对话框，根据实际需要为热点添加行为。

（3）为热点1添加行为

为热点1添加行为的目的：使用户点击热点1后，页面显示图层1第2帧上插入的热点图片。具体操作方法如下。

① 单击热点1的"操作"项下方的编辑按钮，在弹出的【编辑行为】对话框中为热点1添加行为，行为添加结果如图7.23所示。

② 为行为设置参数，设置结果如图7.24所示。

图7.23 为热点1添加行为

（4）为热点 2 添加行为

为热点2添加行为的目的：使用户点击热点2后，页面显示图层1的第3帧上插入的热点视频。具体操作方法：单击热点2的"操作"项下方的编辑按钮，弹出【编辑行为】对话框，在对话框中为热点2添加行为，并为行为设置参数，设置结果如图7.25所示。

图7.24　设置热点1的行为参数　　　　图7.25　热点2的行为及参数设置结果

7.1.3　播放控制设置

播放控制设置非常重要，如果不对其进行设置，用户则无法对作品进行操作和浏览。

1. 控制作品保持在第 1 帧的显示状态

在本例中，作品执行后，当用户没有进行其他操作时，作品应该保持在第1帧的显示状态。那么，这就需要通过播放控制设置来实现。具体操作方法：选中图层1的第1帧，在舞台外添加一个物体（本例添加了一个矩形），并对物体进行行为设置，设置结果如图7.26所示。

2. 设置图片行为

设置图片行为的目的是使用户对图片进行浏览操作后，通过

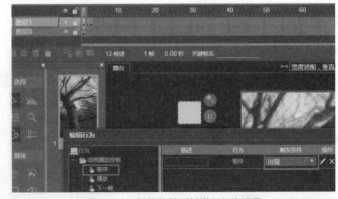

图7.26　添加物体并对其进行行为设置

点击可使作品回到第1帧，显示第1帧的画面。具体操作方法：选中图层1的第2帧，在舞台上选中图片，单击添加/编辑行为按钮，为图片添加行为和触发条件，并进行参数设置，设置的结果如图7.27和图7.28所示。

图7.27　图片的行为和触发条件设置

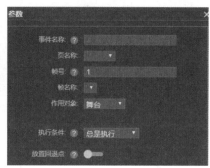

图7.28　图片的行为参数设置

3. 设置视频行为

设置视频行为的目的是使用户在浏览到视频页面时，通过点击【播放/暂停】按钮可以控制视频的播放。具体操作方法：选中图层1的第3帧，在舞台上选中视频，单击添加/编辑行为按钮，为视频添加行为和触发条件，并进行参数设置，设置的结果如图7.29所示。

图7.29　视频的行为和触发条件设置

另外，为了使视频播放后能够返回到作品的第1帧，显示第1帧的画面，可在视频页面上添加一个【返回】按钮。用户点击该按钮，即可返回到作品第1帧显示的页面。按钮的行为设置具体操作：选中图层1的第3帧，单击工具箱中的文字工具，在舞台上输入文字"返回"，调整文字的位置和大小，选中文字，单击添加/编辑行为按钮，为文字添加行为和触发条件，并进行参数设置，设置的结果如图7.30和图7.31所示。

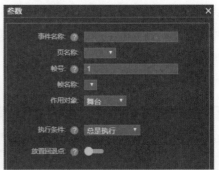

图7.30　文字的行为和触发条件设置　　图7.31　文字的行为参数设置

7.1.4　添加更多场景

① 选中图层0的第1帧，在虚拟现实场景中双击鼠标左键，打开【导入全景虚拟场景】对话框。

② 单击添加按钮█，在【素材库】中选中需要添加的场景图片，单击【添加】按钮，如图7.32和图7.33所示。

图7.32　打开【导入全景虚拟场景】对话框　　图7.33　添加新的场景图片

③ 新的场景图片添加进来后，可参照前面介绍的方法，对新添加的场景图片进行参数设置，为其添加热点。设置完成后单击【确认】按钮，如图7.34所示。

④　单击预览按钮 ，作品预览结果如图7.35所示，可以看到预览页面中的导航栏上有4个按钮：按钮①用于向前翻页，按钮④用于向后翻页，按钮②用于切换隐藏/显示虚拟场景缩略图，按钮③用于隐藏导航栏。用户利用导航栏，可以快速找到需要观看的虚拟现实场景页面。

图7.34　对新添加的场景图片进行参数设置

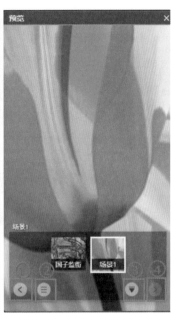

图7.35　预览作品

7.1.5　课堂实训——制作室内虚拟现实场景

拍一张室内全景照片，照片中至少包括3种常见的物件，如音乐播放器、电脑、台灯（落地灯）。然后，利用虚拟现实工具，制作出室内三维场景效果，并且还要添加一些设计：设计一个开灯按钮，使用户点击该按钮可开/关台灯；制作电脑开关按钮，使用户点击该按钮可开/关电脑；制作音乐播放器开关按钮，使用户点击该按钮可播放音乐或关闭音乐。

7.2　微信定制工具

由于微信是H5的重要应用场景，所以Mugeda定制了一些与微信相关的常用工具，在工具箱中的微信定制工具包括微信头像、微信昵称、定制图片和录音4个工具，如图7.36所示。本节主要介绍微信头像、微信昵称和定制图片3个工具的应用。

7.2.1　微信头像

1. 添加微信头像获取图标

在工具箱中单击微信头像工具█，舞台上会出现一
个用于获取微信头像的图标，如图7.37所示。

微信头像━━　　　　　　━━微信昵称

定制图片━━　　　　　　━━录音

图7.36　微信定制工具

2. 设置行为和触发条件

微信头像获取图标的行为和参数一般使用系统默认设置，如无特殊需求，一般不需要修
改。单击微信头像获取图标旁边的添加/编辑行为按钮█，弹出【编辑行为】对话框，可以看
到行为被自动设置为"显示微信头像"，触发条件被自动设置为"出现"，如图7.38所示。

图7.37　微信头像获取图标　　　　　　　图7.38　微信头像获取图标的行为设置

单击【编辑行为】对话框中"操作"项下方的编辑按钮█，弹出【参数】对话框，微信
头像获取图标的行为参数设置如图7.39所示。

3. 调整微信头像获取图标

选中微信头像获取图标，调整其在舞台上的位置。
单击工具箱中的变形工具█，调整微信头像获取图标的
尺寸。

图7.39　参数设置

4. 替换微信头像获取图标

在舞台上选中微信头像获取图标，在【属性】面板中
单击"背景图片"设置项的缩略图█，弹出【素材库】对话框，本例是单击对话框左侧的【公
有】/【人物】，在显示出来的人物图标列表中选择合适的图标，单击【添加】按钮，即可将
微信头像获取图标替换为该图标，如图7.40所示。

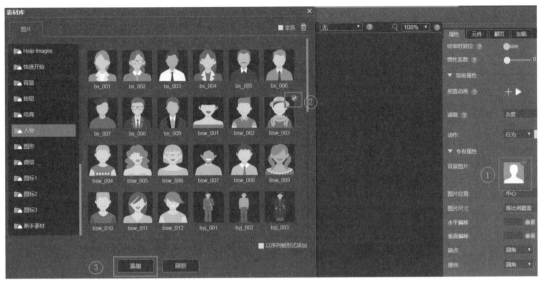

图7.40　替换微信头像获取图标

7.2.2　微信昵称

1. 输入微信昵称

在工具箱中单击微信昵称工具，舞台上会出现一个文字输入框，如图7.41所示。双击
文字输入框，可在框中输入微信昵称。

2. 设置行为和触发条件

微信昵称的行为和参数设置一般使用系统
默认设置，如无特殊需求，一般不需要修改。

3. 设置属性

在舞台上选中微信昵称，调整其在舞台上
的位置，在【属性】面板中可对微信昵称的字
体、字号、颜色等进行设置，如图7.42所示。

图7.41　文字输入框　　图7.42　设置微信昵称的属性

7.2.3　定制图片

1. 添加定制图片获取图标

在工具箱中单击定制图片工具，舞台上会出现一个用于获取图片的图标，如图7.43所

示。定制图片获取图标的行为和参数一般使用系统默认设置，如无特殊需求，一般不需要修改。

2. 调整定制图片获取图标及图片显示区域

在舞台上选中定制图片获取图标，单击工具箱中的变形工具 ，可调整图标的大小。如图7.43所示，定制图片获取图标外围有一个红圈，红圈区域为定制图片显示区域。单击工具箱中的节点工具 ，定制图片获取图标周围会出现节点，拖曳节点可调整定制图片显示区域的大小和形状，如图7.44所示。

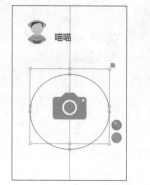
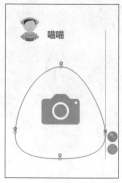

图7.43　添加定制图片获取图标　　图7.44　调整定制图片显示区域

7.2.4　发布与使用

1. 发布作品

在菜单栏上单击【查看发布地址】按钮 ，可发布作品，页面跳转至【发布动画-微信功能】界面，如图7.45所示。

图7.45　【发布动画-微信功能】界面

2. 转发作品

用手机扫描【发布动画-微信功能】界面中的二维码，可打开作品页面，如图7.46所示。单击作品页面右上角的图标 ··· ，手机屏幕上将弹出图7.47所示的界面，点击【发送给朋友】按钮，即可选择朋友，将作品转发给他。

3. 体验作品

① 打开作品页面，点击图7.46所示的定制图片获取图标 ，弹出手机的图片库，如图7.48所示。

图7.46　打开作品页面　　　图7.47　转发作品

② 在图片库中选择图片，点击页面右上角的【完成】按钮，弹出图7.49所示的页面。拖动页面中的圆形按钮，可调整图片的显示区域。

③ 图片的显示区域调整完成后，点击页面右上角的【确定】按钮，返回作品页面，可以看到选中的图片被显示到定制图片显示区域内，如图7.50所示。

④ 单击页面右上角的图标 ··· ，将当前作品发送给朋友，朋友接收到作品后，打开的作品页面如图7.50所示。

图7.48　选择图片　　　图7.49　调整图片显示区域　　　图7.50　显示定制图片

要点提示　定制图片工具不仅可以用在与微信相关的作品中，也可以用在其他作品中。

7.2.5 课堂实训——制作个性化微信页面

利用微信定制工具，设计制作一个个性化的微信页面H5作品。

制作要求：设计原创微信头像和微信昵称，将定制图片显示区域制作成多边形。

7.3 图表工具

在Mugeda中，利用工具箱中的图表工具可以快速制作出多种类型的图表。

7.3.1 图表的制作方法

1. 建立图表

在工具箱中单击图表工具 ，鼠标指针变成"+"，按住鼠标左键在舞台上拖曳，建立一个默认的图表，如图7.51所示。

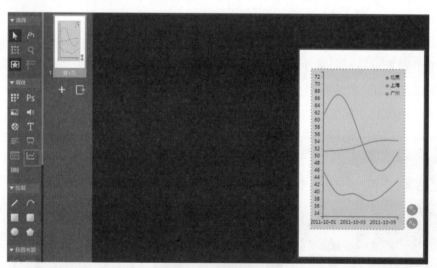

图7.51 建立图表

2. 修改数据

① 在舞台上选中图表，在【属性】面板中的"曲线数据"项中选中所有数据，如图7.52所示。单击鼠标右键，在弹出的下拉菜单中执行【复制】命令。

② 单击屏幕右上角的最小化按钮，将Mugeda页面最小化，打开电脑中的"记事本"。在记事本中，按【Ctrl】+【V】组合键，将复制的数据粘贴到记事本中，如图7.53所示。

图7.52 选中数据

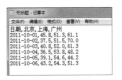

图7.53 将复制的数据粘贴到记事本中

③ 根据图7.51所示的图表与复制粘贴出来的数据的对应关系，在记事本中修改数据。注意，修改数据的过程中要保持数据的格式不变。

④ 数据修改好后，将数据全部选中并复制。然后，返回Mugeda页面，在【属性】面板中将"曲线数据"项中的原始数据删除，将修改后的数据粘贴到"曲线数据"项中，即可修改图表中的数据。

要点提示 创作者也可以根据图表与"曲线数据"项中数据的对应关系，直接在"曲线数据"项中修改数据。

---

3. 选择图表类型

在【属性】面板中，单击"图表类型"设置项右侧的下拉按钮▼，在弹出的下拉菜单中可以选择不同的图表类型，如曲线、面积图、分组柱形图等。

4. 编辑图表

选中图表，在【属性】面板中设置图表的各种属性，在此不一一介绍。

5. 查看图表

在工具栏中单击预览按钮▣，弹出作品的预览页面，点击页面中的图表，在图表右下角会出现切换图表/数据按钮▣，如图7.54所示。单击切换图表/数据按钮▣，图表切换为数值状态，切换图表/数据按钮▣变为◢，如图7.55所示。

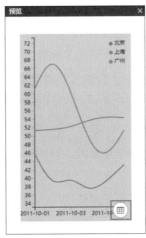

图7.54 切换图表状态按钮

图7.55 数值状态

要点提示 本节的图表功能讲解只针对"edu.mugeda.com"版本的软件。

7.3.2　课堂实训——制作学生成绩图表

利用图表工具制作"5名学生的3门课程成绩明细"图表。5名学生的3门课程成绩分别如下所示。

张某：语文80分，数学90分，英语88分

王某：语文90分，数学98分，英语80分

李某：语文95分，数学95分，英语85分

陈某：语文85分，数学80分，英语90分

周某：语文88分，数学95分，英语95分

图表制作过程提示：

① 图表设计规划；

② 新建H5作品并建立图表；

③ 将原始图表的数据修改为本例数据；

④ 选择合适的图表类型，编辑图表属性。

7.4　表单工具和数据统计

表单主要应用于各种表格和题目的制作中。Mugeda的工具箱中包括输入框、单选框、多选框、列表框和表单5个工具，如图7.56所示。其中，前4个工具分别用于制作输入框、单选框、多选框、列表框4种类型的表单，表单工具用于编辑表单。

图7.56　表单工具栏

7.4.1　操作任务——"城市人口爱好"调查表

制作一个"城市人口爱好"调查表，目标城市为北京、上海、广州、重庆。

任务目的

通过本例的制作，掌握表单工具的使用方法。

实现步骤

1. 规划表单内容

调查表的调查项目包括姓名（必填项）、性别、爱好、城市4项内容。这4项内容的表单类型分别为：姓名（输入框），性别（单选框），爱好（多选框），城市（列表框）。此外，在调查

表中还需要设计一个"提交"按钮。

2. 制作表单

（1）输入调查项目名称

新建一个H5作品，单击工具箱中的文字工具，将调查项目的名称分别输入舞台，然后调整文字的字号、字体和位置，如图7.57所示。

（2）添加表单

① 为"姓名"项添加表单（输入框）。在工具箱中单击输入框工具 ，将鼠标指针移至"姓名"后面，单击鼠标，即可在"姓名"后面添加一个输入框。选中输入框，调整其位置，并在【属性】面板中设置输入框中输入文字的字体、字号、颜色等；在"提示文字"设置框中输入提示文字"请输入"；由于"姓名"项是表单中必须填写的项目，所以要在【属性】面板中的"必填项"设置框中选择"是"，如图7.58所示。

图7.57 输入调查项目的名称

② 为"性别"项添加表单（单选框）。在工具箱中单击单选框工具◉，将鼠标指针移至"性别"后面，单击鼠标，即可在"性别"后面添加一个单选框。选中单选框，调整其位置，并在【属性】面板中设置单选框文字的字体、字号、颜色等；在"标签"设置框中输入"男"和"女"，且两种性别各占一行，如图7.59所示。

图7.58 输入框的属性设置及其效果

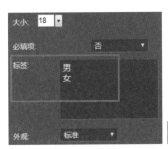

图7.59 单选框的属性设置及其效果

③ 为"爱好"项添加表单（多选框）。在工具箱中单击多选框工具☑，将鼠标指针移至"爱好"后面，单击鼠标，即可在"爱好"后面添加一个多选框。选中多选框，调整其位置，并在【属性】面板中设置多选框文字的字体、字号、颜色等；在"标签"设置框中输入"体育""音乐""游戏"，且3种爱好各占一行，如图7.60所示。

④ 为"城市"项添加表单（列表框）。在工具箱中单击列表框工具▭，将鼠标指针

移至"城市"后面,单击鼠标,即可在"城市"后面添加一个列表框。选中列表框,调整其位置,并在【属性】面板中设置列表框文字的字体、字号、颜色等;在"提示文字"设置框中输入提示文字"请选择";在"选项"设置框中输入"北京(BJ)""上海(SH)""广州(GZ)""重庆(CQ)",且4个城市各占一行,如图7.61所示。

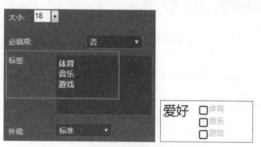

图7.60 多选框的属性设置及其效果

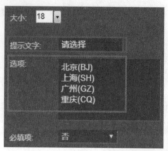

图7.61 列表框的属性设置及其效果

要点提示 如图7.61所示,列表工具的"选项"设置框中输入的内容后面需要有括号"( )",且括号中必须填写内容。因为,括号中的内容是表单提交的值。

图7.62 调整后的页面效果

(3)编辑页面效果

调整各个表单框的大小、位置、表单框内的字体、字号、颜色等,并为舞台添加背景色,调整后的页面效果如图7.62所示。

(4)分别为各个表单命名

在舞台分别选中制作好的4个表单框,在【属性】面板中物体缩略图旁的物体名称输入框中分别输入姓名、性别、爱好、城市,如图7.63所示。

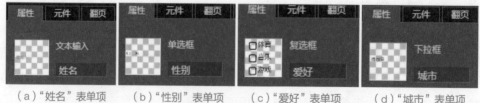

(a)"姓名"表单项　(b)"性别"表单项　(c)"爱好"表单项　(d)"城市"表单项

图7.63 分别为表单命名

3.制作"提交成功"提示页和"提交失败"提示页

在页面栏中添加两个页面，一个页面用于制作"提交成功"提示页，另一个页面用于制作"提交失败"提示页，如图7.64所示。

4.制作"提交"按钮并设置行为及参数

① 输入文字。在页面栏选中第1页，单击工具箱中的文字工具，在舞台上输入文字"提交"，调整文字的大小、位置和颜色。

② 设置行为。选中文字，单击添加/编辑行为按钮，在弹出的【编辑行为】对话框中将行为设置为"提交表单"，将触发条件设置为"点击"，如图7.65所示。

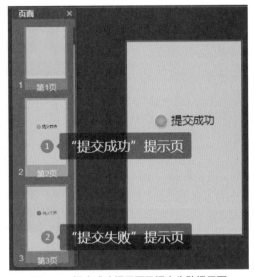

图7.64　提交成功提示页及提交失败提示页

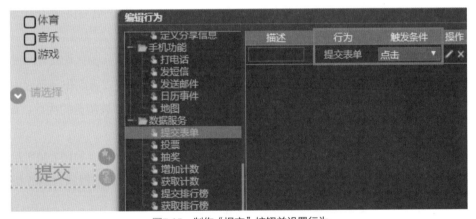

图7.65　制作"提交"按钮并设置行为

③ 设置参数。在【编辑行为】对话框中单击编辑按钮，在弹出的【参数】对话框中设置参数：选择提交目标，勾选提交对象，编辑"操作成功后"和"操作失败后"的页面跳转行为，如图7.66所示。本例将"操作成功后"设置为跳转到"提交成功"提示页，将"操作失败后"设置为跳转到"提交失败"提示页。具体操作：单击"操作成功后"设置项后面的编辑按钮，在"页号"设置框中输入"2"，如图7.67所示；单击"操作失败后"设置项后面的编辑按钮，在"页号"设置框中输入"3"，如图7.68所示。

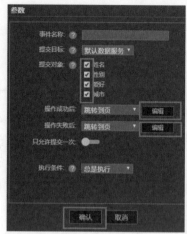

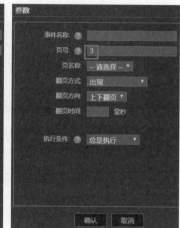

图7.66 参数设置1   图7.67 参数设置2   图7.68 参数设置3

7.4.2 数据统计

表单的主要作用是收集数据，当H5作品投放给用户后，用户填写并提交了表单后，Mugeda还能对这些数据进行统计，作品创作者可以查看统计的数据。

1. 查看数据

在工作台页面中单击【我的作品】按钮，进入作品管理页面，可以看到作品列表中的每个作品上都有一个浏览量按钮，在浏览量按钮后面的数字表示的是作品被浏览的次数，如图7.69所示。

将鼠标指针移至作品上，可以看到作品缩略图上显示出数据按钮 ，如图7.70所示。单击数据按钮 ，进入"数据"页面，页面中包含作品的统计数据、用户数据和内容分析，如图7.71所示。

图7.69 浏览量   图7.70 数据按钮   图7.71 "数据"页面

2. 统计数据

单击【统计数据】按钮，页面中会显示作品的浏览量、用户数、传播来源、传播层级等信息。

3. 用户数据

单击【用户数据】按钮，在页面中可选择查看作品的发布数据或测试数据，还可选择查看的数据类型，如表单、图片或声音。

7.4.3　编辑表单

除了前面介绍的几个表单制作工具，还有一个表单编辑工具，这个工具的操作方法简单、便捷。

1. 打开【编辑表单】对话框

单击工具箱中的表单工具，弹出【编辑表单】对话框，如图7.72所示。

2. 编辑表单信息

在【编辑表单】对话框中，将"表单名称"填为"我的表单"，"提交方式"选为"GET"，"提交目标"选为"提交数据到后台"，"确认消息"填为"提交表单成功"，"背景颜色"选为蓝色，"字体颜色"选为白色，"字体大小"选为"12"，如图7.72所示。

3. 添加表单项

① 添加第1个表单项。单击图7.72所示的【添加表单项】按钮，在弹出的【编辑表单项】对话框中将表单项的"名称"填为"姓名"，"类型"选为"输入框"，并勾选"必填项"，"取值"填为"中文名"，然后单击【保存】按钮，如图7.73所示。

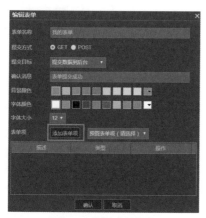

图7.72　编辑表单信息

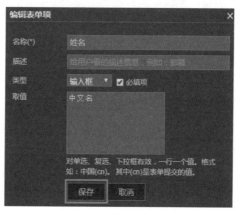

图7.73　添加"姓名"项

②　添加第2个表单项。添加完第1个表单项后，会自动返回到【编辑表单】对话框，再次单击【添加表单项】按钮，可添加第2个表单项。第2次单击【添加表单项】按钮，在弹出的【编辑表单项】对话框中将表单项的"名称"填为"手机号码"，"类型"选为"电话号码"，不勾选"必填项"，"取值"填为"请输入正确的手机号码"，然后单击【保存】按钮，如图7.74所示。

4. 预览并发布作品

按照上述提示添加好两个表单项后，单击【编辑表单项】对话框中的【确认】按钮，即可完成表单的编辑。在菜单栏单击预览按钮📺预览作品，预览结果如图7.75所示。将作品保存并发布后，打开作品的用户即可在表单中输入姓名和电话号码。

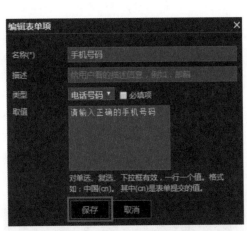

图7.74　添加"手机号码"项

图7.75　预览

7.4.4　课堂实训——制作"最受游客欢迎的景区"调查表

选择5个你喜欢的著名旅游景区，设计制作一个H5调查表，调查这5个景区中的哪个景区最受游客欢迎。调查表中需要包含游客的性别和年龄段（10岁以下、11～25岁、26～50岁、50岁以上）两项信息。

7.5　预置考题工具

利用Mugeda的预置考题工具可以轻松在H5作品中制作多种类型的题目，如单选题、多选题、填空题和特型题。尤其是利用特型题模板，可以制作出很多种特殊的题型。

7.5.1　操作任务——制作模拟练习题

现以一套计算机基础模拟练习题为例，讲解预置考题工具的使用方法。本例的模拟练习题的题型包括单选题、多选题、填空题和特型题4种题型。准备的题目和答案如下。

1.单选题

依据计算机发展历史，计算机发展的第二阶段是（B）。

A.晶体　　　B.大规模和超大规模集成电路　　　C.电子管　　　D.集成电路

2.多选题

第一代电子计算机的特点是（ B C D ）。

A.可靠性高　　　B.耗电量大　　　C.寿命短　　　D.体积大　　　E.数据处理能力强

3.填空题

第一代电子计算机的特点是耗电量（大），体积（大）。

4.特型题

请将与"输出设备"和"输入设备"对应的图片移至下图中的对应位置。

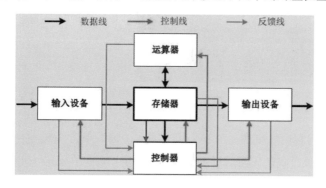

下面利用预置考题工具制作模拟练习题。

任务目的

通过本例的制作，掌握预置考题工具的使用方法。

操作步骤

1. 新建作品

在Mugeda中新建一个H5作品。

2. 制作单选题

① 单击工具箱中的单选题工具🔲，弹出【预置考题】填题卡。如图7.76所示，在填题卡中输入题目、选项、答题反馈和分数等内容后，单击正确选项前的"圆点"。

② 填题卡填写完成后，单击【确认】按钮，舞台上出现填写的单选题，如图7.77所示。图中舞台右侧上方的4个按钮分别是显示回答正确信息按钮✅、显示回答错误信息按钮❌、显示解析信息按钮🗒和编辑题目按钮✏️。

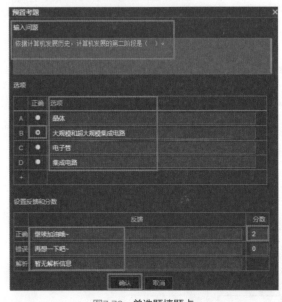

图7.76　单选题填题卡

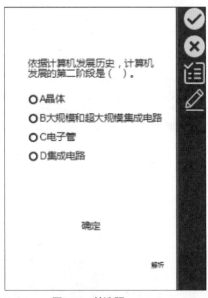

图7.77　单选题

③ 修改填题卡内容。如果题目或答案填写错误，可以单击编辑题目按钮✏️，在弹出的填题卡中对内容进行修改，确认无误后单击【确认】按钮，即可在舞台上看到修改后的题目。

要点提示　在【预置考题】填题卡中，单选题的选项默认为4个，如果实际题目的选项超过4个，可单击D选项下面的"+"，增加E选项，在E选项中填写选项内容即可。

3. 制作多选题

单击工具箱中的多选题工具 ，弹出【预置考题】填题卡，根据前面介绍的单选题的制作方法，在填题卡中输入题目、选项、答题反馈和分数等内容，单击正确选项前的"圆点"。后续操作与单选题的制作基本相同，这里不再赘述。

4. 制作填空题

① 单击工具箱中的填空题工具 ，弹出【预置考题】填题卡，在"输入问题"框中输入题目开头至第1个填空的内容，如图7.78所示。

图7.78　输入题目开头至第1个填空的内容

② 单击填题卡右上角的添加填空按钮 ，题目中会自动标出第1个填空的位置，同时在题目下方的"选项"列表中自动添加该填空的答案填写行，如图7.79所示。

图7.79　添加填空

③ 在第一个填空后面输入第2个填空之前的题目内容，然后单击添加填空按钮 ，题目中会自动标出第2个填空的位置，同时在题目下方的"选项"列表中自动添加该填空的答案填写行。如果题目后面还有填空，操作方法依次类推。

④ 题目全部输入完成后，按题目中填空的顺序，在"答案"框中输入答案。

⑤ 后续操作与单选题的制作基本相同，这里不再赘述。

5. 制作特型题

① 单击工具箱中的特型题工具 ，弹出【预置考题】填题卡，在"输入问题"框中输入题干，如图7.80所示。单击填题卡下方的【确认】按钮，舞台上出现填写的题目，如图7.81所示。

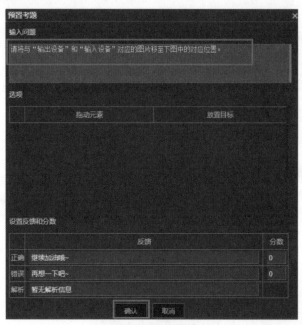

图7.80　输入题干

图7.81　特型题题干

② 将题目中的图片导入舞台，调整图片的大小和位置，如图7.82所示。注意，一定不要让图片把"确定"和"解析"遮住。

③ 设置"放置目标"。单击工具箱中的矩形工具，分别在题目图片中的"输入设备"框和"输出设备"框中绘制一个矩形，调整矩形大小，使其遮住两个框中的文字。在【属性】面板中填充矩形的颜色，将"输入设备"框中的矩形命名为"A"，将其作为输入设备放置目标；将"输出设备"框中的矩形命名为"B"，将其作为输出设备放置目标，如图7.83所示。

图7.82 导入题目中的图片

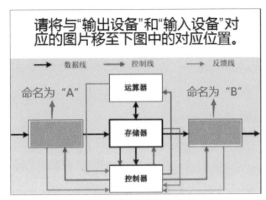

图7.83 设置"放置目标"

④ 设置"拖动元素"。将两张"拖动元素"图片（图7.84所示的输入设备图片和图7.85所示的输出设备图片）导入舞台，调整图片大小和位置。注意，一定不要让图片把"确定"和"解析"遮住。在【属性】面板中，将输入设备图片命名为"C"，将输出设备图片命名为"D"，如图7.86所示。

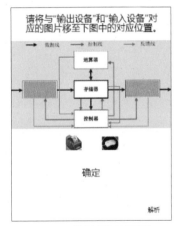

图7.86 设置"拖动元素"

图7.84 输入设备

图7.85 输出设备

要点提示 在制作特型题的过程中，"拖动元素"图片在舞台上的大小一定要小于绘制的"放置目标"框，使"放置目标"框能够完全容纳"拖动元素"图片。

⑤ 单击舞台右侧的编辑题目按钮，在弹出的填题卡中填写"选项"列表，拖动元素"C"对应放置目标"A"，拖动元素"D"对应放置目标"B"，如图7.87所示。

⑥ 如图7.87所示，在填题卡中设置答题反馈和分数，所有内容确认无误后单击【确认】按钮。

6. 设置测试结果反馈

在工具箱中单击总分按钮，在弹出的测试结果设置框中设置测试结果反馈，如图7.88所示。设置完成后单击【确认】按钮，特型题制作完成。

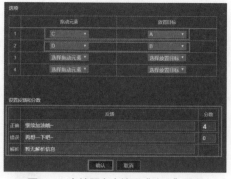

图7.87 在填题卡中填写"选项"列表

7. 预览并测试答题

在菜单栏中单击预览按钮，测试答题，结果如图7.89所示。

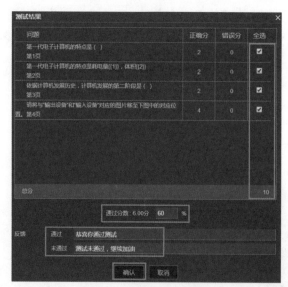

图7.88 设置测试结果反馈

图7.89 测试结果提示信息

7.5.2 课堂实训——制作练习题

请模仿7.5.1的实例，自选题材，制作一套包含单选题、多选题、填空题和特型题的练习题。

7.6　陀螺仪工具

利用陀螺仪工具可以制作外力感应交互效果，例如用户晃动手机可使页面中的"物体"按照设定的动作运动。利用陀螺仪工具制作的交互效果只限定于手机端体验，PC端无法体验。

7.6.1　陀螺仪工具的使用方法

1. 在舞台上添加"物体"

在工具箱中单击矩形工具，在舞台上绘制一个矩形，并在【属性】面板中将其命名为"矩形"。

2. 添加陀螺仪

单击工具箱中的陀螺仪工具，在舞台上单击鼠标左键，即可将陀螺仪添加到舞台（陀螺仪工具图标和一串数字）。添加的陀螺仪在【属性】面板中自动被命名为"陀螺仪1"，如图7.90所示。

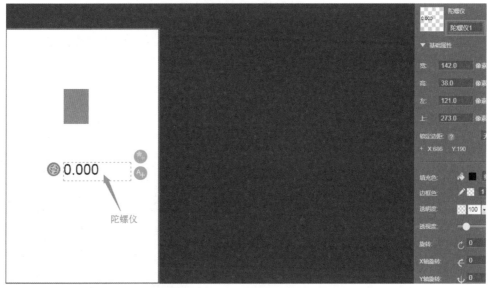

图7.90　添加陀螺仪

3. 选择旋转类型

陀螺仪的旋转类型包括"绕X轴旋转角""绕Y轴旋转角"和"绕Z轴旋转角"。其中，"绕X轴旋转角"和"绕Y轴旋转角"的角度设置范围为180°～–180°，"绕Z轴旋转角"的角度设置范围为0°～360°。在舞台上选中陀螺仪1，在【属性】面板中将陀螺仪1的"类型"项设置为"绕Y轴旋转角"，如图7.91所示。

4. 设置行为

① 在舞台上选中陀螺仪1，单击添加/编辑行为按钮，在弹出的【编辑行为】对话框中为陀螺仪1添加3个行为，设置行为触发条件，如图7.92所示。其中，第1个行为用于设置"控制标准"，第2个行为用于设置"坐标最小值范围"，第3个行为用于设置"坐标最大值范围"。

② 第1个行为的参数设置。在第1个行为后面单击编辑按钮，在弹出的【参数】对话框中设置参数：将"元素名称"设置为"矩形"，表示转动的是"矩形"；将"元素属性"设置为"左"，表示左右转动；将"赋值方式"设置为"在现有值基础上增加"，表示以现有值为基础；在"取值"设置框中输入"{{陀螺仪1}}"，表示以陀螺仪值为控制标准，如图7.93所示。

图7.91 设置旋转类型

图7.92 设置行为和触发条件

③ 第2个行为的参数设置。在第2个行为后面单击编辑按钮，在弹出的【参数】对话框中设置参数：将"元素名称"设置为"矩形"，"元素属性"设置为"左"，"赋值方式"设置为"用设置的值替换现有值"，在"取值"设置框中输入"0"，执行条件设置为"矩形""左""小于等于""0"，如图7.94所示。

④ 第3个行为的参数设置。在第3个行为后面单击编辑按钮，在弹出的【参数】对话框中设置参数：将"元素名称"设置为"矩形"，"元素属性"设置为"左"，"赋值方式"设置为"用设置的值替换现有值"，在"取值"设置框中输入"253"，执行条件设置为"矩形""左""大于等于""253"，如图7.95所示。

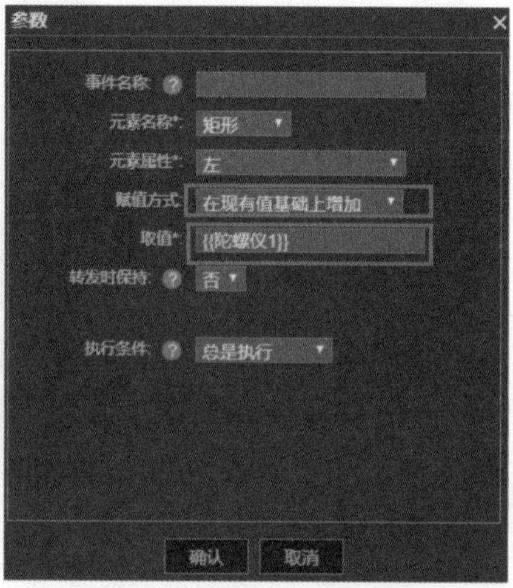

图7.93 第1个行为的参数设置

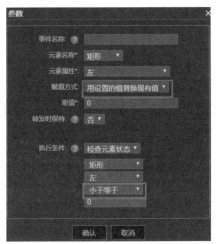

图7.94　第2个行为的参数设置

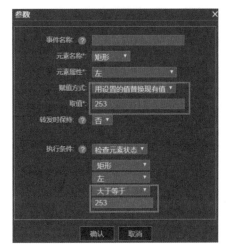

图7.95　第3个行为的参数设置

要点提示　陀螺仪"绕Y轴旋转角"和"绕Z轴旋转角"的设置方法与上述方法相同。可以对同一个"物体"进行多种不同的陀螺仪旋转设置。

7.6.2　课堂实训——制作"放孔明灯"交互页面

制作一个"放孔明灯"的交互页面，要求用户打开作品后，左右摇动手机，页面中的孔明灯能够左右摇摆着升空。

7.7　其他实用工具

除了上述工具，Mugeda中还有其他一些操作简单且实用的工具，本节将介绍几个常用小工具的使用方法。

7.7.1　幻灯片工具

利用幻灯片工具，可以快速制作出具有幻灯片效果的H5页面。幻灯片工具的具体使用方法如下。

1. 建立播放窗口

新建一个H5作品，单击工具箱中的幻灯片工具■，在舞台上按住鼠标左键拖曳，建立幻灯片播放窗口，如图7.96所示。

2. 添加图片

在舞台选中幻灯片播放窗口，在【属性】面板中的"图片列表"项单击添加按钮■，如图7.97所示。

3. 选择图片

在弹出的【素材库】对话框中选中图片，如图7.98所示。然后单击【添加】按钮。

图7.96　建立幻灯片

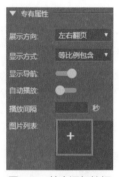
图7.97　单击添加按钮

图7.98　添加图片

4. 课堂练习

自选一个主题，拍摄一组照片（5~10张），利用幻灯片功能，制作一个H5作品。

7.7.2　擦玻璃工具

利用擦玻璃工具可以制作类似"擦玻璃"的交互效果，即页面上的内容上方有一个覆盖层，用户用手指擦手机屏幕（或用鼠标指针在屏幕上滑动），可以将覆盖层擦除，将覆盖层下方的内容显示出来。擦玻璃工具的具体使用方法如下。

1. 建立播放窗口

新建一个H5作品，单击工具箱中的擦玻璃工具■，在舞台上按住鼠标左键拖曳，建立擦玻璃窗口，如图7.99所示。

2. 设置属性

在舞台上选中擦玻璃窗口，在【属性】面板中设置背景图片（底层图）和前景图片（玻璃层图），如图7.100所示。

图7.99　建立擦玻璃窗口

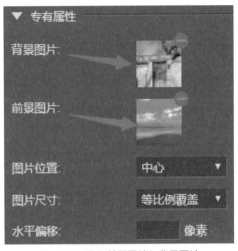

图7.100　导入前景图片和背景图片

3. 课堂练习

利用擦玻璃工具，制作一个美肤产品的广告，要求配背景音乐。

7.7.3　点赞工具

点赞是H5作品中很常见的功能，在Mugeda中，利用点赞工具可以很简单地实现这个功能。

1. 制作点赞对象

新建一个H5作品，在素材库中挑选两个人物图片导入舞台，作为两个点赞对象。本例导入的图片来自素材库的【共享组】/【公有】/【人物】中，如图7.101所示。

2. 添加点赞按钮

单击工具箱中的点赞工具♡，在舞台上按住鼠标左键拖曳，确定点赞按钮的大小。点赞按钮默认的是爱心图案，爱心图案上方为点赞的数量。作品发布后，每个H5用户只允许点赞一次，系统自动累加用户的点赞，将总点赞数显示在点赞按钮的上方。

3. 复制点赞按钮

选中点赞按钮，单击鼠标右键，在弹出的菜单中执行【复制】命令，在舞台空白处单击鼠标右键，在弹出的菜单中执行【粘贴】命令，即可复制点赞按钮。

4. 调整点赞按钮的位置

将点赞按钮移至人物图片下方，如图7.102所示。

5. 预览

预览作品，页面显示出的点赞按钮都是空心的，这是因为还没有进行点赞操作。点击左边的点赞按钮后，该按钮就变成了实心，如图7.103所示。如果再次点击左侧的点赞按钮，则该点赞按钮会恢复成空心状，表示取消之前的点赞。

图7.101　导入点赞对象

图7.102　添加点赞按钮

图7.103　点赞按钮的状态

6. 设置属性

在舞台上选中点赞按钮，在【属性】面板中为点赞按钮命名，设置按钮的尺寸、透明度、点赞前后的图案，以及点赞统计数字的位置、颜色、字号等。如果将点赞按钮的图案设置成"√"，就可以把点赞按钮变成投票按钮来使用。

7. 课堂练习

现有上联"凡心一点几时去"，有下联："春风三日人自归""仙境无人山自空""歹心不存万事善""天合二人今世缘"。请制作一个带有点赞功能的H5作品，要求展示上联和4句不同的下联，将作品发布出去后统计各下联的点赞量，评出最受欢迎的下联。

7.7.4　绘画板工具

利用绘画板工具可以制作带有绘画和写字功能的H5作品。

1. 建立和使用默认绘画板

① 建立默认绘画板。新建一个H5作品，单击工具箱中的绘画板工具 ，在舞台上按住鼠标左键拖曳，确定绘画板大小，如图7.104所示。

② 使用默认绘画板。在菜单栏单击预览按钮 ，就可以在弹出的预览页面上的绘画板上绘图了，如图7.105所示。在预览页面上有两个按钮：消除绘画按钮 和保存绘画按钮 。消除绘画按钮 是用来消除绘画板上的画作，保存绘画按钮 是用来保存绘画板上的画作。

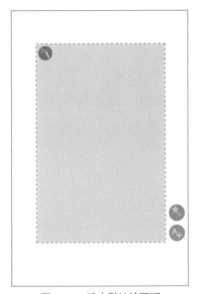

图7.104　建立默认绘画板

图7.105　使用默认绘画板

2. 编辑绘画板

在舞台上选中绘画板，在【属性】面板中设置绘画板的属性，其中"显示编辑器"设置项包含4个选项，如图7.106所示。

图7.106　"显示编辑器"设置项

如果选择"显示全部"，浏览作品时，绘画板下方会出现图7.107所示的4个按钮：画笔粗细选择按钮 、色彩选择按钮 、消除绘画按钮 、保存绘画

按钮 ⊙。单击画笔粗细选择按钮 ⊙，会弹出图7.108所示的页面，用户可以在这个页面中选择画笔的粗细。单击色彩选择按钮 ⊙，会弹出图7.109所示的页面，用户可以在这个页面中选择画笔的颜色。

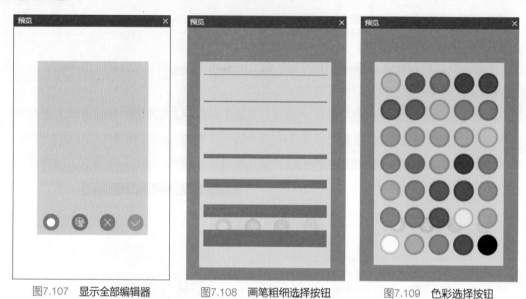

图7.107　显示全部编辑器　　　图7.108　画笔粗细选择按钮　　　图7.109　色彩选择按钮

7.7.5　随机数工具

随机数工具的功能是设置一个时间段，每隔一次所设置的时间段就随机产生一个数值。其中，数值的范围也是预设的。例如，将数值范围设置为1到10之间，将间隔时间设置为1秒，结果则是每1秒钟会产生一个1到10之间的数。

随机数工具通常用于控制"物体"的属性，使"物体"每隔一个时间段就产生一次变化。例如，可以利用随机数功能来控制舞台上的一张图片，使图片每隔一段时间就变换一次大小。随机数工具的使用方法和过程如下。

1. 导入图片，添加一个随机数

新建一个H5作品，导入一张图片到舞台，单击随机数工具，在舞台上添加一个随机数，如图7.110所示。

图7.110　导入图片，添加一个随机数

2. 设置图片的大小和随机数的变化参数

在【属性】面板中，将图片大小设置为"140像素×132.6像素"，如图7.111所示。将随机数的更新间隔时间设置为"1秒"，将随机数的最小值设置为"10"，最大值设置为"140"。将图片命名为"灯"，将随机数命名为"随机"，如图7.112所示。

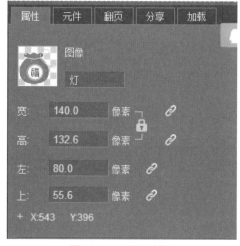

图7.111　设置图片的大小

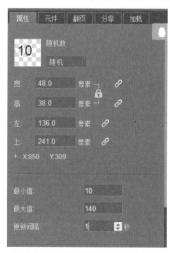

图7.112　设置随机数的变化参数

3. 关联设置

通过关联设置可将图片与随机数关联起来，实现利用随机数控制图片的大小变化。选中图片，分别对图片的宽和高进行关联设置。点击"宽"设置项右侧的关联按钮，可对图片的宽进行关联设置，如图7.113所示。用同样的方法可对图片的高进行关联设置。

图7.113 关联设置

4. 预览、保存和发布作品

作品完成后，可以预览作品效果，并保存和发布作品。

第 8 章

交互逻辑案例解析

　　交互逻辑是实现交互功能的重要手段。在Mugeda中，交互逻辑主要是通过设置行为和触发条件实现的。本章以前面的各章内容为基础，进一步介绍行为和触发条件的应用，以提高创作者的制作水平和作品质量。本章的主要内容如图8.1所示。

图8.1　本章主要内容

8.1　"猜谜"游戏

猜谜是一项有趣的智力游戏，深受人们的欢迎。本节将通过介绍猜谜游戏的设计制作方法，使读者不仅掌握本例的制作方法，还可以此类推，设计制作形式和功能类似的H5作品。

1. 作品内容

本例涉及的主要内容包括谜面、谜底（外强中干）、【查看谜底】按钮、谜底输入框、【提交答案】按钮、"答案错误"提示、"答案正确"提示等内容。

2. 规划设计

本例将作品中包含的内容通过1个页面进行设计，利用3帧分别展示：第1帧用于放置谜面、【查看谜底】按钮、谜底输入框、【提交答案】按钮和"答案错误"提示；第2帧用于放置"答案正确"提示；第3帧用于显示谜底。

3. 涉及的技术

本例涉及的技术主要包括表单的输入框工具、动画播放控制设置、元素属性设置、逻辑判断等。

4. 制作素材

作品中需要设计制作的素材：用于第1帧页面的谜面图片，用于第2帧页面的"答案正确"提示图片用于第3帧页面的谜底图片，以及【查看谜底】按钮图片、【提交答案】按钮图片、"答案错误"提示图片、装饰图片，如图8.2至图8.8所示。

图8.2　谜面图片　　　图8.3　答案正确提示图片　　　图8.4　谜底图片　　　图8.5　【查看谜底】按钮图片

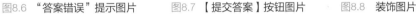

图8.6 "答案错误"提示图片　　图8.7 【提交答案】按钮图片　　图8.8 装饰图片

5. 制作过程与行为控制设置

新建作品后完成如下制作任务。

（1）制作页面

① 制作第1帧的页面。在时间线上选中第1帧，然后将制作好的谜面图片、【查看谜底】按钮图片、"答案错误"提示图片、【提交答案】按钮图片导入舞台，在舞台分别调整它们的大小和位置，如图8.9所示。

> **要点提示**　由于在用户解答谜面时，不需要出现"答案错误"提示信息，所以将"答案错误"提示图片置于舞台之外。

② 制作第2帧的页面。在时间线的第2帧上插入关键帧，选中该关键帧，导入"答案正确"提示图片和装饰图片，并在舞台调整这两个图片的大小和位置，如图8.10所示。

图 8.9　第 1 帧的页面

图 8.10　第 2 帧的页面

要点提示　在"答案正确"提示页中使用装饰图片，是为了使页面能够更直观、生动地显示答题结果。本例中，为装饰图片设置了预置动画。

③ 制作第3帧的页面。在时间线的第3帧上插入关键帧，选中该关键帧，导入谜底图片。

（2）插入输入框

在时间线上选中第1帧，单击工具箱中的输入框工具，在舞台上的相应位置单击，即可生成一个输入框。调整输入框的大小和位置，如图8.11所示。为了让输入框看起来更明显，便于用户操作，本例制作了一个红边、白底的装饰矩形，将其置于输入框的位置，如图8.12所示。

要点提示　添加图8.12中的装饰矩形时，必须注意图形在页面的排列顺序，不可让输入框被装饰矩形覆盖，导致用户无法输入答案。图形在页面的排列顺序设置操作：选中装饰矩形，单击鼠标右键，在弹出的菜单中执行【排列】/【下移一层】命令，如图8.13所示。

图8.11　插入输入框　　图8.12　为输入框添加装饰矩形

图8.13　设置装饰矩形的排列顺序

（3）【提交答案】按钮的行为控制

【提交答案】按钮的行为设置是本例中最核心的部分，需要对其添加两个行为，如图8.14所示。

图8.14　【提交答案】按钮的行为设置

第1个行为是对"答案正确"提示的行为进行的设置。如果用户回答正确，将执行第2帧（显示"答案正确"提示）。行为和触发条件的参数设置如图8.15所示。

第2个行为是对"答案错误"提示的行为进行的设置。如果用户回答错误，将显示"答案错误"提示图片。行为和触发条件的参数设置如图8.16所示。

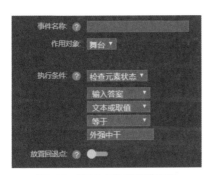

图8.15　第1个行为的参数设置

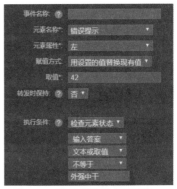

图8.16　第2个行为的参数设置

（4）"重新输入答案"的行为设置

在需要重新输入答案时，需要让"答案错误"提示图片退出舞台，所以此设置是"答案错误"提示图片对自身位置安排的设置，具体设置如图8.17和图8.18所示。

图8.17　"答案错误"提示图片的行为设置

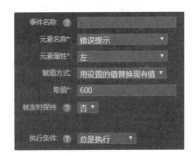

图8.18　退出舞台的行为参数设置

（5）【查看谜底】按钮的行为设置

【查看谜底】按钮的行为设置和参数设置如图8.19和图8.20所示。

图8.19　【查看谜底】按钮的行为设置

图8.20　【查看谜底】按钮的参数设置

8.2　"拼图"游戏

拼图也是一项很多人喜欢的游戏。在本书第2章中，介绍了通过"拖动/旋转"设置制作拼图游戏的方法。读者一定已经感觉到前面做出的拼图游戏比较简

扫码看视频

单且功能不够完善，那么本例将介绍一种功能更丰富的拼图游戏制作方法。

1. 设计规划

本例可以分为两页来制作：第1页用于制作拼图游戏操作页，第2页用于显示拼图成功后的完整图片。

拼图页面的具体制作内容可分为：分割图片（如图8.21所示）、制作"待拖图块区"和制作"图块组合区"3部分内容（如图8.22所示）。

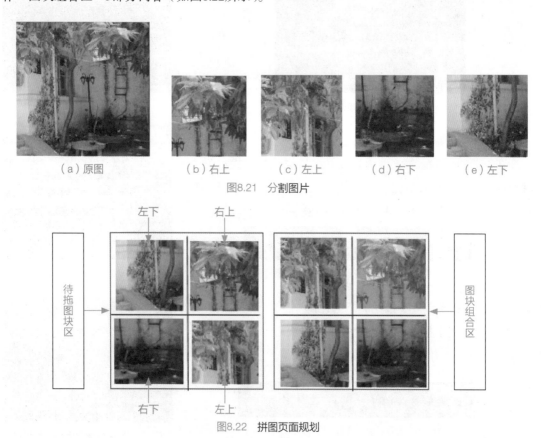

（a）原图　　　　（b）右上　　　（c）左上　　　（d）右下　　　（e）左下

图8.21　分割图片

图8.22　拼图页面规划

2. 涉及的技术

本例涉及的技术主要包括拖放容器工具的使用、透明度设置、"拖动/旋转"设置、"计数器"设置等。

3. 拼图页面的制作过程

（1）导入图块并为图块命名

将图片分割好，并在新建的H5作品中绘制好"待拖图块区"和"图块组合区"后，对所有图块的放置位置进行命名，如图8.23所示。然后将图块分别导入到"待拖图块区"和"图块组合区"中。

T3	T2	T11	T21
T4	T1	T31	T41

图8.23 为各图块的放置位置命名

（2）设置图块属性

① 透明度设置。将"待拖图块区"中所有图块的透明度设置为"100"（显示"待拖图块区"中的所有图块）；将"图块组合区"中所有图块的透明度设置为"0"（将"图块组合区"中的所有图块隐藏）。

② "拖动/旋转"设置。分别选中"待拖图块区"中的所有图块，在【属性】面板中将各图块的"拖动/旋转"设置为"自由拖动"，并打开"结束时复位"选项；分别选中"图块组合区"中的所有图块，在【属性】面板中将各图块的"拖动/旋转"设置为"不允许"。

（3）为"图块组合区"中的图块添加拖放容器

分别为"图块组合区"中的图块添加拖放容器，具体操作：单击工具箱中的拖放容器工具，然后在图块区按住鼠标左键拖曳，即可添加拖放容器。单击变形工具，调整拖放容器的尺寸，使其适合图块格的大小。本例需要添加4个拖放容器，分别将它们命名为R1、R2、R3、R4，如图8.24所示。

（4）为舞台设置背景颜色，添加操作提示语

本例将舞台颜色设置为绿色，并在拼图操作区下方添加了提示语"拼图：将左边方格中的图片向右边的方格中移动，把图片拼出来"，如图8.25所示。至此，第一个页面基本制作完成。

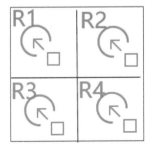

图8.24 添加拖放容器

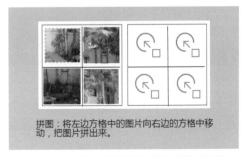

图8.25 设置舞台背景颜色，添加操作提示语

4. 制作拼图成功后的完整图片显示页

添加一个新页面（第2页），将拼图的完整图片和装饰图导入到该页中，调整其大小和位置，如图8.26所示。

图8.26　完整图片显示页

5. 设置"计数器"

设置"计数器"是为了判断拼图操作是否完成，若判断为未完成，则页面不跳转，用户可一直在拼图操作页进行拼图操作；若判断为完成，则页面将跳转至第2页，显示出拼图成功后的完整图片。

本例中设有4个拖放容器，每个拖放容器"容纳"1个图块，当4个拖放容器都"容纳"有图块后，表明拼图完成，则显示出完整图片（页面跳转显示第2页）。由于页面不会自动跳转，所以需要通过设计一个"计数器"来实现。原理是每当一个拖放容器"容纳"一个与其对应的图块后（对应关系在第6步中设置），"计数器"中的数值就加1，当"计数器"中的值等于4时，就会执行跳转到第2页的命令（显示拼图成功后的完整图片）。这里所说的"计数器"是利用文字工具添加文本框并输入数字，然后对其进行行为和触发条件设置来实现计数功能的，具体设置方法如下。

在第一页中，单击工具箱中的文字工具，在舞台外输入数字"0"（"0"将作为"计数器"的初始值），将其选中并为其设置两个行为和触发条件，如图8.27所示。

第1个行为和触发条件设置的作用是判断用户正确拼出4个以下的图块时，执行"禁止翻页"行为。第2个行为和触发条件设置的作用是判断用户正确拼出4个图块时，执行跳转至"下一页"行为。第2个行为的参数设置如图8.28所示。

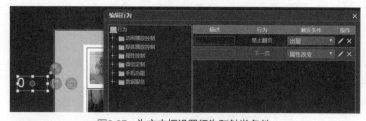

图8.27　为文本框设置行为和触发条件

图8.28　第2个行为的参数设置

6. 设置拖放容器的行为和触发条件

这一步的设置是为了配合前面的图块透明度设置、"结束时复位"设置和"计数器"设置，实现用户进行拼图操作时，如果图块放置的位置正确，那么在"图块组合区"显示正确的图

块，而"待拖图块区"中的这个图块消失；如
果图块放置的位置错误，那么图块无法被拖进
"图块组合区"，会自动弹回"待拖图块区"。

由于4个拖放容器的行为和触发条件设置
操作相同，所以这里仅以拖放容器R1为例来介
绍设置方法。如图8.29所示，本例需要为拖放
容器设置3个行为和触发条件，且3个行为和触
发条件的类型相同，都是"改变元素属性"和
"拖动物体放下"。但是，3个行为和触发条件的
参数设置不同，在本例中的作用不同。

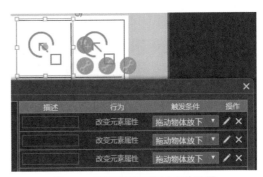

图8.29 拖放容器R1的3个行为设置

第1个行为和触发条件的参数设置如图8.30所示，执行后的效果是当T1上的图块被拖到R1
中后，T11上图块的透明度从0变为100，被显示出来。

第2个行为和触发条件的参数设置如图8.31所示，执行后的效果是当T1上的图块被拖到R1
中后，用户松开鼠标左键时该图块会复位到T1上（由于在前面设置了"结束时复位"），该图
块的透明度从100变为0，被隐藏。

第3个行为和触发条件的参数设置如图8.32所示，执行后的效果是"计数器"中的数值
加1。

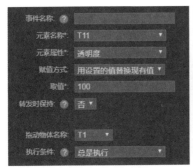

图8.30 第1个行为的参数设置

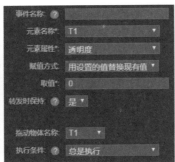

图8.31 第2个行为的参数设置

图8.32 第3个行为的参数设置

要点提示 在行为和触发条件的参数设置里，将"待拖图块区"和"图块组合区"的图块一一对
应了起来，如果用户操作的"拖动物体名称"和"元素名称"不对应，那么拖放容器就不会执
行设置的行为，用户看到的效果是图块无法被拖进"图块组合区"，自动弹回"待拖图块区"。

8.3　"射击"游戏

扫码看视频

讲解"射击"游戏制作方法的目的是想让读者掌握物体之间的动画关联技法，能够制作出更高水平的作品。扫描二维码，可从作品演示视频中看到：多架飞机在空中飞行，炮管和海面随着炮台方向盘的转动而移动，单击炮弹发射按钮，在炮管所指方向的上空会出现炮弹爆炸的画面。

1. 准备素材

制作本例作品需要的素材图片如图8.33至图8.39所示。

图8.33　海洋图片

图8.34　飞机图片

图8.35　爆炸图片

图8.36　炮管图片

图8.37　炮台图片

图8.38　方向盘图片

图8.39　炮弹发射按钮图片

2. 制作动画元件

新建一个H5作品，然后先在作品中制作动画元件，本例中需要制作4个动画元件：海洋图片水平移动动画元件、爆炸图片水平移动动画元件、飞机图片水平移动动画元件、炮管图片转动动画元件。具体制作方法分别如下。

（1）海洋图片水平移动动画元件

① 在【元件】选项卡中新建第1个元件，用于制作海洋图片水平移动动画元件，本例中将这个元件命名为"gong"。

② 让作品编辑区处于第1个元件的编辑状态，在时间线上插入关键帧动画50帧，选中第1帧（动画起始帧），将海洋图片导入舞台，并调整其大小和位置，如图8.40中的"动画图片起始区域"所示。选中第50帧（动画终止帧），调整海洋图片的大小和位置，如图8.40中的"动画图片终止区域"所示。设置完成后，海洋图片会在舞台从右向左水平移动。

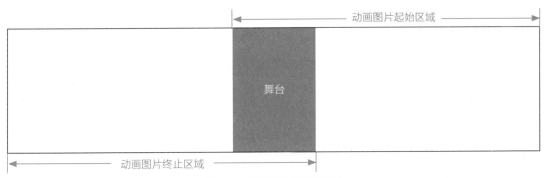

图8.40　海洋图片设置示意图

（2）爆炸图片水平移动动画元件

① 在【元件】选项卡中新建第2个元件，用于制作爆炸图片水平移动动画元件，本例中将这个元件命名为"BB"。

② 让作品编辑区处于第2个元件的编辑状态，在时间线上插入关键帧动画15帧，选中第1帧（动画起始帧），将爆炸图片导入舞台，并调整其大小和位置，如图8.41中的"起始位置"所示。选中第15帧（动画终止帧），调整爆炸图片的大小和位置，如图8.41中的"终止位置"所示。设置完成后，爆炸图片会从左向右水平移动。

图8.41　爆炸图片设置示意图

（3）飞机图片水平移动动画元件

① 在【元件】选项卡中新建第3个元件，用于制作飞机图片水平移动动画元件，本例中将这个元件命名为"FEI"。

② 让作品编辑区处于第3个元件的编辑状态，在时间线上插入关键帧动画40帧，选中第1帧（动画起始帧），将飞机图片导入舞台，并调整其大小和位置，如图8.42中的"起始位置"

所示。选中第40帧（动画终止帧），调整飞机图片的大小和位置，如图8.42中的"终止位置"所示。设置完成后，飞机图片会从左向右水平移动。

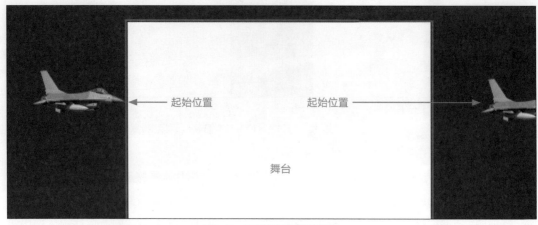

图8.42　飞机图片设置示意图

（4）炮管图片转动动画元件

① 在【元件】选项卡中新建第4个元件，用于制作炮管图片水平移动动画元件，本例中将这个元件命名为"AA"。

② 让作品编辑区处于第4个元件的编辑状态，在时间线上插入关键帧动画60帧，选中第1帧（动画起始帧），将炮管图片导入舞台，并调整其大小、位置和角度，如图8.43中的"起始角度"所示。选中第60帧（动画终止帧），调整炮管图片的大小、位置和角度，如图8.43中的"终止角度"所示。设置完成后，炮管图片会从左向右绕着一个支点转动。

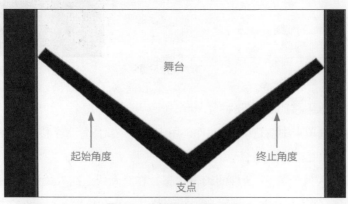

图8.43　炮管图片设置示意图

3. 添加动画元件

① 按照上述提示将4个动画元件制作完成后，退出元件编辑状态，回到作品的舞台编辑状态。

② 在图层0的时间线上选中第1帧，然后分别将制作好的4个动画元件添加到舞台，并调整元件的位置和大小。由于本例中的飞机在动画中有4架，所以需要将飞机动画元件添加4次到舞台上。需要几架飞机就将该元件添加几次。

4. 导入其他素材图片

在时间线上选中层0的第1帧，将方向盘图片导入舞台，本例中将其命名为"FXP"，调整其大小和位置。然后再将炮弹发射按钮图片和炮台图片导入舞台，并调整它们的位置和大小，如图8.44所示。

图8.44　导入其他素材图片到舞台

5. 设置属性及行为和触发条件

（1）设置炮弹发射按钮的行为和触发条件

炮弹发射按钮的关联（控制）对象是爆炸图片。本例中需要为炮弹发射按钮设置两个行为和触发条件，如图8.45所示。第1个

图8.45　炮弹发射按钮的行为和触发条件设置

行为和触发条件的参数设置如图8.46所示，其作用是使用户点击炮弹发射按钮后，将舞台上爆炸图片的透明度变为100（显示爆炸画面）；第2个行为

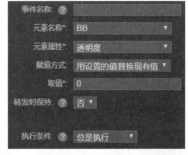

图8.46　第1个行为和触发条件的参数设置　图8.47　第2个行为和触发条件的参数设置

和触发条件的参数设置如图8.47所示，其作用是使在舞台显示出来的爆炸图片消失。

要点提示　由于爆炸图片动画的移动状态需要隐藏，让其只有在用户点击炮弹发射按钮时才显示出来，所以爆炸图片透明度的初始值必须设置为"0"。

（2）设置方向盘的行为和触发条件

在舞台选中方向盘图片，在【属性】面板中将方向盘的"拖动/旋转"项设置为"旋转"，然后为其设置两个行为和触发条件，目的是设定方向盘的旋转范围，如图8.48所示。第1个行为和触发条件的具体参数设置如图8.49所示，第2个行为和触发条件的具体参数设置如图8.50所示。

图8.48　方向盘的行为和触发条件设置

图8.49　第1个行为和触发条件的参数设置　　图8.50　第2个行为和触发条件的参数设置

（3）方向盘的关联设置

方向盘的关联对象包括海洋图片水平移动动画元件、爆炸图片水平移动动画元件和炮管图片转动动画元件。关联的具体操作方法及设置如下。

在属性面板下方的"动画关联"设置框中选择"启用"，如图8.51所示。

图8.51　启用"动画关联"设置

单击"动画关联"设置框右侧的关联按钮 ，弹出关联设置项，填写参数完成关联设置。本例中，将方向盘分别与海洋图片水平移动动画元件（"gong"）关联的参数设置如图8.52所示，与爆炸图片水平移动动画（"BB"）元件关联的参数设置如图8.53所示，与炮管图片转动动画（"AA"）元件关联的参数设置如图8.54所示。

其3个关联的具体关联设置如图8.52至图8.54所示。

图8.52　方向盘与"gong"元件关联　　图8.53　方向盘与"BB"元件关联　　图8.54　方向盘与"AA"元件关联